新Aクラス 中学数学問題集

1年

6訂版

東邦大付属東邦中・高校講師	市川　博規
桐朋中・高校教諭	久保田顕二
駒場東邦中・高校教諭	中村　直樹
玉川大学教授	成川　康男
筑波大附属駒場中・高校元教諭	深瀬　幹雄
芝浦工業大学教授	牧下　英世
筑波大附属駒場中・高校副校長	町田多加志
桐朋中・高校教諭	矢島　弘
駒場東邦中・高校元教諭	吉田　稔

共著

昇龍堂出版

まえがき

　この本は，中学生のみなさんが中学校の3年間で学習する数学の内容の
うち，1年生で学習する部分をまとめたものです。

　この本は，基本的に教科書にそった章立てで配列されていますので，教
科書を勉強し，その内容を確認するために使うことができます。教科書に
書かれている基本的なことがらを理解したうえで，この問題集でいろいろ
な問題を演習することにより，しっかりとした数学の学力を身につけるこ
とができます。

　代数的な内容（数量）では，まず，用語や記号の決まり，いろいろな計
算のしかたをきちんと身につけましょう。しっかりとした計算力も重要で
す。また，複雑な文章題も図やグラフをかいたり，文字を利用したりしな
がら挑戦してください。

　幾何的な内容（図形）では，図形の性質を正確に理解しましょう。その
うえで，いろいろな角度から筋道を立てて考える力を高めていきましょう。
答えを導くための筋道はさまざまです。1つの考え方だけではなく，いく
つかの解答を考えてみることも大切です。ひとつひとつ着実に理解を重ね
ることで，論理的な思考力を身につけることができるでしょう。

　なお，この本は，中学校1年生の教育課程で学習するすべての内容をふ
くみ，みなさんのこれからの学習にぜひとも必要であると思われる発展的
なことがらについても，あえて取りあげています。教科書にはのっていな
くても，まとめや例題で考え方を十分に学んで，問題を解くことができる
ように配慮してあります。それは，学習指導要領の範囲にとらわれること
なく，Aクラスの学力を効率的に身につけてほしいと考えたからです。

　みなさんの努力は必ず報われます。また，数学の難問を解いたときの達
成感や充実感は，何ものにもまさる尊い経験です。長い道のりですが，あ
せらず，急がず，一歩一歩，着実に進んでいってください。そして，みな
さん一人ひとりの才能が大きく開花することを切望いたします。

著　者

本書の使い方と特徴

　この問題集を自習する場合には，以下の特徴をふまえて，計画的・効率的に学習することを心がけてください。

　また，学校でこの問題集を使用する場合には，ご担当の先生がたの指示にしたがってください。

1. 　まとめ　は，教科書で学習する基本事項や，その節で学ぶ基礎的なことがらを，簡潔にまとめてあります。

2. ●基本問題●は，教科書やその節の内容が身についているかを確認するための問題です。

3. ●例題●は，その分野の典型的な問題を精選してあります。解説で解法の要点を説明し，解答で，模範的な解答をていねいに示してあります。

4. 　演習問題　は，例題で学習した解法を確実に身につけるための問題です。やや難しい問題もありますが，じっくりと時間をかけて取り組むことにより，実力がつきます。

5. 進んだ問題の解法 および 進んだ問題 は，やや高度な内容です。解法で考え方・解き方の要点を説明し，解答で，模範的な解答をていねいに示してあります。

6. 章の問題 は，その章全体の内容をふまえた総合問題です。まとめや復習に役立ててください。

7．**解答編** を別冊にしました。

基本問題の解答は，原則として **答** のみを示してあります。

演習問題の解答は，まず **答** を示し，続いて **解説** として，考え方や略解を示してあります。問題の解き方がわからないときや，答えの数値が合わないときには，略解を参考に確認してください。

進んだ問題の解答は，模範的な解答をていねいに示してあります。

8．**別解** は，解答とは異なる解き方です。

また，**参考** は，解答，別解とは異なる解き方などを簡単に示してあります。

さまざまな解法を知ることで，柔軟な考え方を養うことができます。

9．**注** は，まとめの説明を補ったり，くわしく説明したりしています。

また，解答をわかりやすく理解するための補足や，まちがいやすいポイントについての注意点を示してあります。

目次

正の数・負の数

1…正の数・負の数

1 **正の数・負の数と整数**

正の数 0より大きい数

負の数 0より小さい数

整数 $\begin{cases} \text{正の整数（**自然数**）1, 2, 3, 4, …} \\ 0 \\ \text{負の整数 } -1, -2, -3, -4, … \end{cases}$

2 **数直線と絶対値**

(1) **数直線** 右の図のように，基準の点Oをとり，

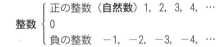

ある一定の長さを単位にとって，めもりをつけた直線を**数直線**という。また，基準の点Oを**原点**という。

(2) **絶対値** 数直線上で，ある数に対応する点と原点との距離を，その数の**絶対値**という。数 a の絶対値を，記号 $|\ |$ を使って $|a|$ と書く。

（例） $|-3|=3$ $|+0.5|=0.5$ $|0|=0$

注 数学では文字（アルファベット）を使っていろいろな数量を表す。(→p.36)

3 **数の大小**

(1) 数直線上では，右にある数ほど大きい。

(2) 正の数と負の数では，正の数のほうが大きい。

(3) 正の数と正の数では，絶対値の大きいほうが大きい。

(4) 負の数と負の数では，絶対値の大きいほうが小さい。

4 **不等号** a が b より大きいことを，不等号＞，＜を使って $a>b$ または $b<a$ と表す。

（例） $+2<+3$ $-2>-3$ $-1<+1$

5 正の数・負の数は，収入と支出，利益と損失，増加と減少など，たがいに反対の性質をもつ数量を表すときに使うと便利である。

基本問題

1. 次の数に対応する点を，下の数直線にかき入れよ。

A. $+4$　　B. -3　　C. $-\dfrac{1}{2}$　　D. $+1.5$　　E. -5.5　　F. $-1\dfrac{1}{4}$

										O										
-7	-6	-5	-4	-3	-2	-1		0	$+1$	$+2$	$+3$	$+4$	$+5$	$+6$	$+7$					

2. 次の数直線上の点 A，B，C，D，E，F に対応する数を求めよ。

　　　　　　B　　F　　C　　E　　　　　D　　A

-7	-6	-5	-4	-3	-2	-1	0	$+1$	$+2$	$+3$	$+4$	$+5$	$+6$	$+7$

3. 次の数を求めよ。

(1) 0 より 3 だけ大きい数　　　　　(2) 0 より 4 だけ小さい数

(3) 0 より 2.5 だけ小さい数　　　　(4) 0 より $\dfrac{4}{5}$ だけ大きい数

4. 次の数の大小を，不等号を使って表せ。

(1) $+2$,　$+4$　　　　　　　　(2) -3,　-4

(3) $+3$,　-2　　　　　　　　(4) $+0.1$,　-1

(5) -2.5,　$+2.5$　　　　　　(6) -0.3,　-0.03

(7) $+\dfrac{1}{3}$,　$+\dfrac{1}{2}$　　　　　　(8) $-\dfrac{1}{3}$,　$-\dfrac{1}{2}$

5. 次の数を，絶対値の大きいものから順に並べよ。

(1) $+3\dfrac{1}{3}$,　-3.5,　0　　　　(2) -4.4,　$-4\dfrac{2}{3}$,　$+4\dfrac{1}{2}$

6. 数直線上で考えて，次の問いに答えよ。

(1) $+6$ は -1 よりどれだけ大きいか。

(2) -3 は -1 よりどれだけ小さいか。

(3) $+4$ より 7 だけ小さい数は何か。

(4) -2.5 より 2 だけ大きい数は何か。

7. 数直線上で考えて，次の数は，どちらがどれだけ大きいか。

(1) $+9$,　$+2$　　　　　　　　(2) -7,　-5

(3) $+4$,　-4　　　　　　　　(4) -3,　0

(5) $+1.5$,　-2.5　　　　　　(6) -3.4,　-1.2

●**例題1**● 　次の問いに答えよ。

(1)　絶対値が 5 である数を求めよ。

(2)　絶対値が 5 未満である整数を，小さいものから順に並べよ。

解説　ある数の絶対値は，数直線上で，原点とその数に対応する点との距離である。数直線をかいて考える。

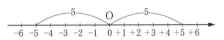

解答　(1)　-5 と $+5$

(2)　-4，-3，-2，-1，0，$+1$，$+2$，$+3$，$+4$

注　求める数を x とすると，(1)は「$|x|=5$ を満たす x を求めよ」，(2)は「$|x|<5$ を満たす整数 x を求め，小さいものから順に並べよ」という問題と同じである。

演習問題

8. 次の問いに答えよ。

(1)　絶対値が 7 である数を求めよ。

(2)　絶対値が 3 未満である整数を，小さいものから順に並べよ。

(3)　$|x|=1$ である数 x を求めよ。

(4)　$|x|<4$ となる負の整数 x をすべて求めよ。

9. 次の数の大小を，不等号を使って表せ。

(1)　$+\dfrac{2}{3}$，-1，$-\dfrac{1}{5}$　　　　(2)　-0.5，$-\dfrac{1}{4}$，-1.2

10. 次の数を，小さいものから順に並べよ。

(1)　$+3.5$，-2，$+\dfrac{3}{4}$，-3.5，$+3.1$，-3，$+4$

(2)　$+2.5$，$-2\dfrac{2}{3}$，$-1\dfrac{1}{2}$，-2.3，-1.4，$+0.9$，$+\dfrac{4}{5}$

11. 次の数のうち，絶対値が 0.7 より小さいものはどれか。

$-\dfrac{2}{3}$，-1.5，$+0.2$，$-\dfrac{1}{2}$，0，$+1\dfrac{2}{3}$，$-\dfrac{3}{4}$

12. 数直線上で考えて，次の数を求めよ。

(1)　0 から 3 の距離にある数　　　(2)　$+5$ から 4 の距離にある数

(3)　$+2$ から 5 の距離にある数　　　(4)　-6 から 4 の距離にある数

(5)　-3 から 7 の距離にある数　　　(6)　-3 から 3 の距離にある数

13. 数直線上で考えて，次の □ にあてはまる数を求めよ。

　(1)　0 は −3 より ⎡ ㋐ ⎤ だけ大きい。　(2)　⎡ ㋑ ⎤ は 0 より 5 だけ小さい。

　(3)　⎡ ㋒ ⎤ は −1 より 2 だけ大きい。　(4)　−4 は ⎡ ㋓ ⎤ より 3 だけ小さい。

　(5)　−3 からの距離が ⎡ ㋔ ⎤ であるのは，+2 と ⎡ ㋕ ⎤ である。

　(6)　⎡ ㋖ ⎤ からの距離が ⎡ ㋗ ⎤ であるのは，+5 と −9 である。

●**例題2**●　　次の問いに答えよ。

　(1)　東へ −5km 行くことを，正の数を使って表せ。

　(2)　ヒトの体温はおよそ 36.5℃ である。この 36.5℃ を基準にしたとき，
　　　　プールの水温 25.3℃ は何度高いことになるか。

解説　(1)　右の図で，O を出発点とする。東へ
　　　　+5km 行くことは A 地点まで行くことにな
　　　　るから，東へ −5km 行くことは B 地点まで
　　　　行くことになる。

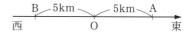

　　　　(2)　右の図で，36.5℃ を基準の温度 O とすると，
　　　　25.3℃ は 11.2℃ 低いから −11.2℃ 高いとなる。

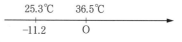

解答　(1)　西へ +5km 行く　(2)　−11.2℃ 高い

演習問題

14. 次のことがらを，正の数を使ったいい方で表せ。

　(1)　−500 円の利益　　(2)　−5 万円の収入　　(3)　−4 時間後

　(4)　−3kg の減少　　(5)　−10 点下がる　　(6)　−6m 低い

15. A さんの 4 月の収入は 185000 円で，支出は 200000 円であった。4 月の黒
字はいくらと考えられるか。

16. はじめに 2 つの容器 A，B に，ともに水温 14℃ の水が入れてあった。容
器 A の水は熱したために，はじめより 20℃ 上がった。また，容器 B の水は
冷やしたために，はじめより −5℃ 上がった。容器 A，B の水温の差はいく
らになったか。

17. A，B，C の 3 地点の標高を比べたら，A 地点は B 地点より 6m 高く，C
地点は B 地点より −5m 低かった。

　(1)　C 地点は B 地点より何 m 高いか。

　(2)　C 地点は A 地点より何 m 高いか。

2…加法

1 **同符号の2数の加法**

2つの数の絶対値の和に，その数の符号と同じ符号をつける。

（例） $(+7)+(+6)=+(7+6)=+13$

$(-4)+(-12)=-(4+12)=-16$

2 **異符号の2数の加法**

2つの数の絶対値の差（絶対値の大きいほうから小さいほうをひいたもの）に，絶対値の大きいほうの符号をつける。

（例） $(+3)+(-7)=-(7-3)=-4$

$(-5)+(+8)=+(8-5)=+3$

異符号で絶対値の等しい2つの数の和は0である。

（例） $(+4)+(-4)=0$ $(-5)+(+5)=0$

3 **0との和**

$$a+0=0+a=a$$

（例） $(+3)+0=+3$ $0+(+3)=+3$

$(-3)+0=-3$ $0+(-3)=-3$

4 **加法の計算法則**

(1) **交換法則** $a+b=b+a$

(2) **結合法則** $(a+b)+c=a+(b+c)$

加法では，加える順序を変えてもその和は変わらない。

基本問題

18. 次の計算をせよ。

(1) $(+5)+(+3)$ (2) $(-2)+(-3)$ (3) $(+7.2)+(+3.6)$

(4) $(-2.5)+(-3.8)$ (5) $\left(+\dfrac{3}{5}\right)+\left(+\dfrac{1}{3}\right)$ (6) $\left(-\dfrac{2}{3}\right)+\left(-\dfrac{1}{4}\right)$

19. 次の計算をせよ。

(1) $(+7)+(-4)$ (2) $(-8)+(+6)$ (3) $(+30)+(-16)$

(4) $(-2.4)+(+3.2)$ (5) $(+4.5)+(-7.3)$ (6) $\left(-\dfrac{3}{4}\right)+\left(+\dfrac{2}{3}\right)$

20. 次の計算をせよ。

(1)　$(-6)+(+6)$　　　　(2)　$(+2)+0$　　　　　　(3)　$0+(-2)$

(4)　$(+1.5)+(-1.5)$　　(5)　$\left(-\dfrac{2}{3}\right)+0$　　　(6)　$0+\left(+\dfrac{1}{2}\right)$

21. 次の計算をせよ。

(1)　　$+25$　　　　(2)　　-12　　　　(3)　　-123　　　　(4)　　$+34$
$\underline{+)\ +15}$　　　　$\underline{+)\ -17}$　　　　$\underline{+)\ +\ 52}$　　　　$\underline{+)\ -52}$

●**例題3**●　次の計算をせよ。

(1)　$(-10)+(+8)+(-7)+(+11)+(-8)$

(2)　$\left(+\dfrac{1}{3}\right)+\left(-2\dfrac{3}{4}\right)+\left(-1\dfrac{1}{2}\right)+\left(+1\dfrac{5}{6}\right)+\left(-\dfrac{1}{12}\right)$

(解説)　(1)　順々に加えて，

$$(-10)+(+8)+(-7)+(+11)+(-8)=(-2)+(-7)+(+11)+(-8)$$
$$=(-9)+(+11)+(-8)=(+2)+(-8)=-6$$

と計算してもよいが，加法の交換法則・結合法則が成り立つから，正の数どうしの和，負の数どうしの和を別々に求めて，それらを加えるとよい。

(解答)　(1)　$(-10)+(+8)+(-7)+(+11)+(-8)$

$$=(+8)+(+11)+(-10)+(-7)+(-8)$$
$$=(+19)+(-25)=-6 \cdots\cdots(答)$$

(2)　$\left(+\dfrac{1}{3}\right)+\left(-2\dfrac{3}{4}\right)+\left(-1\dfrac{1}{2}\right)+\left(+1\dfrac{5}{6}\right)+\left(-\dfrac{1}{12}\right)$

$$=\left(+\dfrac{1}{3}\right)+\left(+1\dfrac{5}{6}\right)+\left(-2\dfrac{3}{4}\right)+\left(-1\dfrac{1}{2}\right)+\left(-\dfrac{1}{12}\right)$$
$$=\left(+\dfrac{2}{6}\right)+\left(+\dfrac{11}{6}\right)+\left(-\dfrac{33}{12}\right)+\left(-\dfrac{18}{12}\right)+\left(-\dfrac{1}{12}\right)$$
$$=\left(+\dfrac{13}{6}\right)+\left(-\dfrac{52}{12}\right)$$
$$=\left(+\dfrac{13}{6}\right)+\left(-\dfrac{26}{6}\right)=-\dfrac{13}{6} \cdots\cdots(答)$$

(注)　(2)の答えのように，答えが仮分数のときは，今後 $-2\dfrac{1}{6}$ となおさずに $-\dfrac{13}{6}$ のままで答えとする。

参考 $(+8)+(-8)=0$，$(-10)+(+11)=+1$ などを利用し，絶対値の小さい数をつくるようにくふうするのも，計算を簡単にする 1 つの方法である。たとえば，(1)で次のように計算するとよい。

$$(-10)+(+8)+(-7)+(+11)+(-8)$$
$$=\{(-10)+(+11)\}+\{(+8)+(-8)\}+(-7)=(+1)+0+(-7)=-6$$

また，(2)で $\left(-1\dfrac{1}{2}\right)+\left(+1\dfrac{5}{6}\right)$ は，整数の部分を計算すると $(-1)+(+1)=0$ であるから，$\left(-\dfrac{1}{2}\right)+\left(+\dfrac{5}{6}\right)$ として計算するとよい。

演習問題

22. 次の計算をせよ。

(1) $(-10)+(+7)+(-3)$ 　　　　(2) $(+9)+(-31)+(+14)$

(3) $(-5)+(+18)+(-7)+(-6)$ 　　(4) $(+17)+(-21)+(-7)+(+25)$

(5) $(+8)+(-15)+(-16)+(+24)$

(6) $(-6)+(-9)+(+15)+(-4)+(+2)$

(7) $(+12)+(-8)+(+3)+(-15)+(-12)$

(8) $(-8)+(+6)+(-14)+(+7)+(+35)+(-21)+(-20)$

23. 次の計算をせよ。

(1) $(+2.4)+(-1.8)+(-5)$ 　　　(2) $(-4.3)+(+1.9)+(-1.7)+(+2)$

(3) $(-3.2)+(+7)+(-2.5)+(+3.7)$

(4) $(-0.3)+(+1.5)+(-5.8)+(+0.4)$

(5) $(-4.17)+(+6.33)+(-3.24)+(-2.33)$

(6) $(+0.5)+(-2.8)+(-2.3)+(+6.1)+(-0.9)$

24. 次の計算をせよ。

(1) $\left(-\dfrac{4}{7}\right)+\left(+\dfrac{6}{7}\right)+\left(-\dfrac{5}{7}\right)$ 　　　(2) $\left(+\dfrac{2}{3}\right)+\left(-\dfrac{5}{6}\right)+\left(+\dfrac{1}{2}\right)$

(3) $\left(-\dfrac{1}{4}\right)+\left(+\dfrac{7}{12}\right)+\left(-\dfrac{5}{6}\right)+\left(+\dfrac{1}{3}\right)$

(4) $\left(-1\dfrac{2}{3}\right)+\left(+2\dfrac{1}{2}\right)+(+4)+\left(-1\dfrac{1}{2}\right)$

(5) $\left(-2\dfrac{2}{5}\right)+\left(-\dfrac{7}{4}\right)+\left(+4\dfrac{1}{2}\right)+\left(-2\dfrac{7}{10}\right)$

(6) $\left(-\dfrac{16}{5}\right)+\left(+4\dfrac{1}{2}\right)+\left(-1\dfrac{2}{3}\right)+\left(-\dfrac{11}{6}\right)+\left(+1\dfrac{1}{5}\right)$

3…減法と，加減の混じった計算

---

1. **減法**

   数をひくときは，ひく数の符号を変えて加える。

   （例）　$(+3)-(+7)=(+3)+(-7)=-4$

   　　　　$(-3)-(-7)=(-3)+(+7)=+4$

   減法
⇩
加法になおす

   注 ひかれる数の符号はそのままである。

2. **加法と減法の混じった計算**

   加法と減法の混じった式は，減法を加法になおして，加法だけの式にして計算する。加法だけの式になおせば，交換法則・結合法則を使うことができる。

◯ **基本問題** ◯

25. 次の計算をせよ。

(1)　$(+4)-(+6)$ 　　　　　(2)　$(-3)-(+8)$

(3)　$(-4)-(-7)$ 　　　　　(4)　$(+8)-(-2)$

(5)　$(-7)-0$ 　　　　　　(6)　$0-(-5)$

26. 次の計算をせよ。

(1)　$(-2.5)-(+1.8)$ 　　　　(2)　$(+5.3)-(-8.4)$

(3)　$(+5.7)-(+10.3)$ 　　　　(4)　$(-3.6)-(-7.2)$

(5)　$\left(-\dfrac{2}{3}\right)-\left(+\dfrac{1}{2}\right)$ 　　　　(6)　$\left(+\dfrac{8}{5}\right)-\left(-\dfrac{21}{10}\right)$

(7)　$\left(-2\dfrac{3}{4}\right)-\left(-1\dfrac{5}{6}\right)$ 　　　　(8)　$0-\left(+1\dfrac{3}{10}\right)$

(9)　$\left(+5\dfrac{1}{2}\right)-(-8)$ 　　　　(10)　$(-3)-\left(-4\dfrac{5}{7}\right)$

27. 次の計算をせよ。

(1)　$\begin{array}{r}+15\\-)\ -13\\\hline\end{array}$ 　(2)　$\begin{array}{r}-31\\-)\ -27\\\hline\end{array}$ 　(3)　$\begin{array}{r}+14\\-)\ -14\\\hline\end{array}$ 　(4)　$\begin{array}{r}-35\\-)\ -35\\\hline\end{array}$

(5)　$\begin{array}{r}-2.3\\-)\ -1.8\\\hline\end{array}$ 　(6)　$\begin{array}{r}-4.1\\-)\ +2.4\\\hline\end{array}$ 　(7)　$\begin{array}{r}+3.7\\-)\ +8.9\\\hline\end{array}$ 　(8)　$\begin{array}{r}+2.3\\-)\ -7.7\\\hline\end{array}$

●**例題4**● 次の計算をせよ。

(1) $(-12)-(+8)-(-7)+(-10)$

(2) $\left(-2\dfrac{1}{4}\right)-\left(+1\dfrac{1}{3}\right)-\left(-3\dfrac{5}{6}\right)$

解説 (1) 減法の部分は，ひく数の符号を変えて加法になおして計算する。

(2) 整数の部分の和が $(-2)-(+1)-(-3)=(-2)+(-1)+(+3)=0$ であることを利用する。

解答 (1) $(-12)-(+8)-(-7)+(-10)=(-12)+(-8)+(+7)+(-10)$

$=(+7)+(-30)=-23$ ………(答)

(2) $\left(-2\dfrac{1}{4}\right)-\left(+1\dfrac{1}{3}\right)-\left(-3\dfrac{5}{6}\right)=\left(-2\dfrac{1}{4}\right)+\left(-1\dfrac{1}{3}\right)+\left(+3\dfrac{5}{6}\right)$

$=\left(+\dfrac{5}{6}\right)+\left(-\dfrac{1}{4}\right)+\left(-\dfrac{1}{3}\right)=\left(+\dfrac{10}{12}\right)+\left(-\dfrac{3}{12}\right)+\left(-\dfrac{4}{12}\right)$

$=\left(+\dfrac{10}{12}\right)+\left(-\dfrac{7}{12}\right)=+\dfrac{3}{12}=+\dfrac{1}{4}$ ………(答)

演習問題

28. 次の計算をせよ。

(1) $(-6)-(+7)-(+4)$ (2) $(-4)+(-3)-(-12)$

(3) $(-5)-(+8)-(-14)$ (4) $(+15)+(+2)-(-7)$

(5) $(+21)+(-7)-(-9)$ (6) $(-5)-(+12)+(-8)$

29. 次の計算をせよ。

(1) $(-3)-(+2)-(+7)-(-4)$

(2) $(+6)-(-4)+(+1)-(+8)$

(3) $(+17)-(+32)-(-25)+(-13)$

(4) $(-22)+(-53)-(-34)-(-15)$

30. 次の計算をせよ。

(1) $(-2.4)+(+4.5)-(-1.7)$ (2) $(+2.3)+(-8.5)-(-3.4)$

(3) $\left(-2\dfrac{1}{3}\right)-\left(-\dfrac{2}{3}\right)+\left(-1\dfrac{1}{3}\right)$ (4) $\left(-\dfrac{1}{6}\right)-\left(+\dfrac{2}{3}\right)+\left(-3\dfrac{5}{6}\right)$

(5) $\left(-\dfrac{1}{2}\right)+\left(+\dfrac{1}{3}\right)-\left(-\dfrac{1}{4}\right)-\left(+\dfrac{2}{3}\right)$

(6) $\left(-4\dfrac{3}{8}\right)+\left(+\dfrac{19}{6}\right)-\left(-5\dfrac{7}{12}\right)+\left(+1\dfrac{1}{2}\right)$

●**例題5**●　次の計算をせよ。
(1)　$6-4-12+8$　　　　　　　　(2)　$-3-15+17-9$
(3)　$8+(-9)-(-7)-5-(+6)$　　(4)　$6-\{(-3)-2\}$

（解説）(1)　符号のついていない数の計算は，次のように考える。
$$6-4-12+8=(+6)-(+4)-(+12)+(+8)$$
$$=(+6)+(-4)+(-12)+(+8)$$
したがって，$6-4-12+8$ は，$+6$ と -4 と -12 と $+8$ を加えることと同じである。

(2)　式が $-3-15+17-9$ のように負の符号からはじまる計算は，次のようにする。
$$-3-15+17-9=(-3)+(-15)+(+17)+(-9)$$
したがって，式の先頭の負の符号は，負の数からはじまることと同じである。

(3)　符号のついていない数と，符号のついた数が混じっている場合には，いったんすべ
ての数を符号のついた数になおす。つぎに，符号のついた数の減法を，
$$-(-7)\longrightarrow +(+7),\qquad -(+6)\longrightarrow +(-6)$$
のように，符号のついた数の加法になおして計算する。

(4)　中かっこ $\{\quad\}$ の中を先に計算する。

（解答）(1)　$6-4-12+8=(+6)+(-4)+(-12)+(+8)$
$$=(+6)+(+8)+(-4)+(-12)$$
$$=(+14)+(-16)=-2 \ \cdots\cdots\cdots（答）$$

$\quad\quad (2)$　$-3-15+17-9=(-3)+(-15)+(+17)+(-9)$
$$=(+17)+(-3)+(-15)+(-9)$$
$$=(+17)+(-27)=-10 \ \cdots\cdots\cdots（答）$$

$\quad\quad (3)$　$8+(-9)-(-7)-5-(+6)=(+8)+(-9)+(+7)+(-5)+(-6)$
$$=(+8)+(+7)+(-9)+(-5)+(-6)$$
$$=(+15)+(-20)=-5 \ \cdots\cdots\cdots（答）$$

$\quad\quad (4)$　$6-\{(-3)-2\}=(+6)-\{(-3)+(-2)\}$
$$=(+6)-(-5)$$
$$=(+6)+(+5)$$
$$=+11=11 \ \cdots\cdots\cdots（答）$$

（参考）　なれてきたら，次のように計算する。
(1)　$6-4-12+8=6+8-4-12=14-16=-2$
(2)　$-3-15+17-9=17-3-15-9=17-27=-10$
(3)　$8+(-9)-(-7)-5-(+6)=8-9+7-5-6=8+7-9-5-6=15-20=-5$
(4)　$6-\{(-3)-2\}=6-(-3-2)=6-(-5)=6+5=11$

（注）(4)のように，答えが正の数のときは，今後 $+11$ と書かずに単に 11 と書く。

演習問題

31. 次の計算をせよ。

(1)　$6-8$

(2)　$4-(-2)$

(3)　$-13+21$

(4)　$1.5-2.3$

(5)　$-5.6-3.6$

(6)　$\dfrac{1}{2}-\dfrac{2}{3}$

32. 次の計算をせよ。

(1)　$3-7-5$

(2)　$-8-9-(-21)$

(3)　$-12-(-3)+25-9$

(4)　$22+(-7)-51-(-16)$

(5)　$1.2-7.4-4.8$

(6)　$5.3-(-2.6)-10$

(7)　$-\dfrac{2}{3}+3\dfrac{2}{5}-1\dfrac{5}{6}$

(8)　$3\dfrac{7}{9}-1\dfrac{1}{6}-\left(-2\dfrac{1}{3}\right)$

33. 次の計算をせよ。

(1)　$7-10-3+5$

(2)　$-9-12+18-7+4$

(3)　$-25+12-8+43-15$

(4)　$-6+(-9)-8-(-3)$

(5)　$15-(+8)-(-12)-9$

(6)　$8-\{6-(-3)\}$

(7)　$10-(+12)+3-\{(-5)-20\}$

(8)　$10-\{(-12)+3\}-\{(+5)-20\}$

34. 次の計算をせよ。

(1)　$6.3-9.5-1.1-2.3$

(2)　$-1.2+4.3-8.5-2+1.9$

(3)　$-\dfrac{3}{4}+\dfrac{1}{2}-\dfrac{2}{3}+\dfrac{5}{6}$

(4)　$2-\dfrac{8}{7}-\dfrac{5}{2}+\dfrac{9}{14}$

(5)　$-1.3-(-2.5)+3.2-\{(+5)-1\}$

(6)　$6+\left(-\dfrac{2}{3}\right)-\left(-\dfrac{3}{4}\right)-\dfrac{5}{12}$

(7)　$-2\dfrac{4}{5}+\left(-3\dfrac{7}{10}\right)-\left\{\left(-3\dfrac{3}{5}\right)-\dfrac{1}{2}\right\}$

(8)　$\dfrac{15}{4}-\left\{\left(+\dfrac{5}{3}\right)+(-2)\right\}-\left(\dfrac{3}{4}-\dfrac{13}{6}\right)$

4 … 乗法

---

1. **同符号の2数の乗法**

   2つの数の絶対値の積に，正の符号をつける。

   (例)　$(+3)\times(+2)=+(3\times2)=+6=6$

   　　　$(-3)\times(-5)=+(3\times5)=+15=15$

2. **異符号の2数の乗法**

   2つの数の絶対値の積に，負の符号をつける。

   (例)　$(-3)\times(+2)=-(3\times2)=-6$,　　$(-5)\times4=-(5\times4)=-20$

   　　　$(+2)\times(-4)=-(2\times4)=-8$,　　$5\times(-3)=-(5\times3)=-15$

   注　正の符号＋は省略してもよいが，負の符号－は省略してはいけない。たと
   えば，$(-3)\times(+2)$ は -3×2 となり，$(+2)\times(-4)$ は $2\times(-4)$ となる。
   このとき，$2\times(-4)$ のかっこをつけ忘れ，2×-4 としてはいけない。

3. **0との積**

   　　　$a\times0=0\times a=0$

4. **3つ以上の数の乗法**

   それぞれの数の絶対値の積をつくり，

   負の数が $\left\{\begin{array}{l}\text{偶数個のとき正の符号}\\\text{奇数個のとき負の符号}\end{array}\right\}$ をつける。

   (例)　$(+3)\times(-2)\times(-1)\times(+2)=+(3\times2\times1\times2)=+12=12$

   　　　$(-3)\times(-2)\times(+2)\times(-4)=-(3\times2\times2\times4)=-48$

5. **乗法の計算法則**

   (1)　**交換法則**　　$a\times b=b\times a$

   (2)　**結合法則**　　$(a\times b)\times c=a\times(b\times c)$

   乗法では，かける順序を変えてもその積は変わらない。

基本問題

35. 次の計算をせよ。

(1)　$(+4)\times(+3)$　　　　(2)　$(-7)\times(-3)$　　　　(3)　$(+4)\times(-6)$

(4)　$(-5)\times(+4)$　　　　(5)　$0\times(-7)$　　　　　(6)　$(+10)\times0$

(7)　$6\times(-2)$　　　　　(8)　-3×9　　　　　　(9)　$-6\times(-8)$

(10)　-8×0　　　　　(11)　$4\times(-15)$　　　　(12)　$-9\times(-12)$

36. 次の計算をせよ。

(1) $(-0.3) \times (+1.5)$ (2) $4.5 \times (-0.8)$ (3) $(-2.5) \times (-3)$

(4) $\left(-\dfrac{5}{6}\right) \times \left(+\dfrac{4}{15}\right)$ (5) $\dfrac{3}{10} \times \left(-\dfrac{1}{6}\right)$ (6) $\left(-\dfrac{5}{3}\right) \times \left(-\dfrac{2}{5}\right)$

●**例題6**● 次の計算をせよ。

(1) $(+2) \times (-4) \times (-7) \times (-1) \times (-5)$

(2) $-\dfrac{2}{3} \times (-2) \times \dfrac{1}{4} \times \left(-1\dfrac{1}{5}\right)$

(解説) 絶対値の積を求め，(1)は負の数が4個（偶数個）あるから＋の符号を，(2)は負の数が3個（奇数個）あるから－の符号をつける。なお，符号のついていない数は正の数である。

(解答) (1) $(+2) \times (-4) \times (-7) \times (-1) \times (-5) = +(2 \times 4 \times 7 \times 1 \times 5) = 280$ ………(答)

(2) $-\dfrac{2}{3} \times (-2) \times \dfrac{1}{4} \times \left(-1\dfrac{1}{5}\right) = -\left(\dfrac{2}{3} \times 2 \times \dfrac{1}{4} \times \dfrac{6}{5}\right) = -\dfrac{2}{5}$ ………(答)

(参考) 乗法では，かける順序を変えてもその積は変わらないので，絶対値の積を求めるときは 2×5，4×5 を先に計算するなどかける順序をくふうするとよい。たとえば，(1)で，$+(2 \times 4 \times 7 \times 1 \times 5) = (2 \times 5) \times (4 \times 7 \times 1) = 10 \times 28 = 280$

演習問題

37. 次の計算をせよ。

(1) $(-2) \times (+3) \times (-4)$ (2) $(-1) \times (-2) \times (-5) \times 7$

(3) $-3 \times 5 \times (-4) \times 2$ (4) $-3 \times 3 \times (-1) \times 2 \times (-2)$

(5) $-5 \times 2 \times (-1) \times 0 \times 3 \times (-4)$ (6) $-2 \times (-2) \times 3 \times (-1) \times (-5)$

38. 次の計算をせよ。

(1) $\dfrac{1}{3} \times \left(-\dfrac{3}{4}\right) \times \left(-\dfrac{2}{5}\right)$ (2) $\left(-\dfrac{1}{2}\right) \times \dfrac{7}{9} \times \dfrac{6}{35} \times (-5)$

(3) $-8 \times \left(-\dfrac{1}{2}\right) \times 3 \times \left(-\dfrac{5}{6}\right)$ (4) $\left(-\dfrac{7}{9}\right) \times \left(-\dfrac{5}{6}\right) \times \left(-\dfrac{6}{7}\right) \times \dfrac{9}{5}$

(5) $\dfrac{3}{5} \times \left(-1\dfrac{3}{7}\right) \times \left(-\dfrac{2}{3}\right) \times \left(-\dfrac{1}{6}\right)$

(6) $\left(-\dfrac{3}{2}\right) \times \left(-\dfrac{3}{4}\right) \times \left(-\dfrac{5}{3}\right) \times \left(-\dfrac{4}{9}\right)$

5…除法と，乗除の混じった計算

1 **同符号の2数の除法**

2つの数の絶対値の商に，正の符号をつける。

（例）　$(+8) \div (+2) = +(8 \div 2) = +4 = 4$

　　　　$(-8) \div (-2) = +(8 \div 2) = +4 = 4$

2 **異符号の2数の除法**

2つの数の絶対値の商に，負の符号をつける。

（例）　$(-8) \div (+2) = -(8 \div 2) = -4$

　　　　$(+8) \div (-2) = -(8 \div 2) = -4$

3 **0との商**

$$0 \div a = 0 \quad (a \text{ は } 0 \text{ でない数})$$

注　0で割ることはできない。

4 **逆数と除法**

(1) 2つの数の積が1になるとき，一方の数を他方の数の**逆数**という。すなわち，$a \times b = 1$ のとき，b を a の逆数（a を b の逆数）という。

（例）　$\dfrac{3}{2}$ の逆数は $\dfrac{2}{3}$　　　-5 の逆数は $-\dfrac{1}{5}$

(2) 逆数を使うと，除法を乗法になおすことができる。すなわち，a を b で割ることは，a に b の逆数をかけることと同じである。

（例）　$(-5) \div (-7) = (-5) \times \left(-\dfrac{1}{7}\right) = +\left(5 \times \dfrac{1}{7}\right) = +\dfrac{5}{7} = \dfrac{5}{7}$

5 **乗法と除法の混じった計算**

乗法と除法の混じった式は，除法を乗法になおして，乗法だけの式にして計算する。乗法だけの式になおせば，交換法則・結合法則を使うことができる。

基本問題

39. 次の計算をせよ。

(1) $(+12) \div (+3)$ 　(2) $(-16) \div (+4)$ 　(3) $-10 \div (-5)$

(4) $18 \div (-2)$ 　(5) $(-7) \div (-7)$ 　(6) $0 \div (+8)$

(7) $0 \div (-6)$ 　(8) $-4 \div 4$ 　(9) $6 \div (-0.6)$

40. 次の数の逆数を求めよ。

(1) $\dfrac{6}{7}$　　　(2) $\dfrac{5}{4}$　　　(3) $-\dfrac{2}{3}$　　　(4) $-2\dfrac{1}{6}$

(5) 4　　　(6) 0.1　　　(7) -6　　　(8) -0.2

41. 次の計算をせよ。

(1) $\left(-\dfrac{2}{3}\right)\div\left(+\dfrac{6}{7}\right)$　　　(2) $\left(+\dfrac{6}{7}\right)\div\left(-\dfrac{9}{14}\right)$

(3) $\left(-\dfrac{8}{9}\right)\div\left(-\dfrac{8}{3}\right)$　　　(4) $0\div\left(-\dfrac{6}{5}\right)$

(5) $\left(-\dfrac{14}{15}\right)\div\left(+\dfrac{7}{3}\right)$　　　(6) $\left(-\dfrac{3}{2}\right)\div(+0.3)$

●**例題7**● 次の計算をせよ。

(1) $(-36)\div(-15)\div(+4)$　　　(2) $1\dfrac{1}{6}\div\left(-1\dfrac{1}{3}\right)\div\dfrac{7}{9}$

解説 $a\div b=a\times\dfrac{1}{b}$ であるから, $\div b$ の部分を $\times(b\,の逆数)$ にし, 乗法になおして計算する。

解答 (1) $(-36)\div(-15)\div(+4)$

$=(-36)\times\left(-\dfrac{1}{15}\right)\times\left(+\dfrac{1}{4}\right)$

$=+\left(36\times\dfrac{1}{15}\times\dfrac{1}{4}\right)$

$=\dfrac{3}{5}$ ………(答)

(2) $1\dfrac{1}{6}\div\left(-1\dfrac{1}{3}\right)\div\dfrac{7}{9}$

$=\dfrac{7}{6}\div\left(-\dfrac{4}{3}\right)\div\dfrac{7}{9}$

$=\dfrac{7}{6}\times\left(-\dfrac{3}{4}\right)\times\dfrac{9}{7}$

$=-\left(\dfrac{7}{6}\times\dfrac{3}{4}\times\dfrac{9}{7}\right)=-\dfrac{9}{8}$ ………(答)

演習問題

42. 次の計算をせよ。

(1) $(+12)\div(-3)\div(+2)$　　　(2) $(-18)\div9\div(-4)$

(3) $(+7.2)\div(-1.8)\div(-0.2)$　　　(4) $-3\div(-0.4)\div(-7.5)$

(5) $-\dfrac{2}{7}\div\left(-1\dfrac{1}{3}\right)\div\left(-\dfrac{6}{7}\right)$　　　(6) $-2\dfrac{1}{4}\div\left(-2\dfrac{2}{5}\right)\div3\dfrac{1}{3}$

(7) $(-0.6)\div(-0.8)\div\dfrac{2}{3}$　　　(8) $\dfrac{6}{7}\div\left(-\dfrac{3}{14}\right)\div(-0.4)$

●例題8● 次の計算をせよ。

(1) $(-12) \times 6 \div (-9) \div (-2)$　　(2) $1\frac{1}{6} \div \left\{ \left(-\frac{4}{9} \right) \times 1\frac{3}{4} \right\}$

(解説) 乗除の混じった計算では，$\div b$ の部分を $\times (b \text{の逆数})$ にし，乗法だけの式にして計算する。(2)のように，中かっこがあるときは，その中を先に計算する。

(解答) (1) $(-12) \times 6 \div (-9) \div (-2)$

$= (-12) \times 6 \times \left(-\frac{1}{9} \right) \times \left(-\frac{1}{2} \right)$

$= -\left(12 \times 6 \times \frac{1}{9} \times \frac{1}{2} \right)$

$= -4$ ………(答)

(2) $1\frac{1}{6} \div \left\{ \left(-\frac{4}{9} \right) \times 1\frac{3}{4} \right\}$

$= \frac{7}{6} \div \left\{ \left(-\frac{4}{9} \right) \times \frac{7}{4} \right\}$

$= \frac{7}{6} \div \left(-\frac{7}{9} \right)$

$= \frac{7}{6} \times \left(-\frac{9}{7} \right) = -\frac{3}{2}$ ………(答)

演習問題

43. 次の計算をせよ。

(1) $12 \times (-3) \div 6$

(2) $(-15) \div (-5) \times 2$

(3) $(-10) \div (-3) \times (-6)$

(4) $(-6) \times 8 \div (-12)$

(5) $24 \div (-9) \times (-15)$

(6) $(-4) \times 0.25 \div (-0.1)$

(7) $-6 \times \left(-\frac{5}{7} \right) \div \frac{10}{21}$

(8) $\left(-\frac{1}{3} \right) \div \left(-\frac{5}{6} \right) \times \frac{2}{5}$

44. 次の計算をせよ。

(1) $-4 \div (-15) \times 10 \div (-8)$

(2) $45 \div (-25) \times 8 \div (-9)$

(3) $-\frac{1}{3} \times \left(-1\frac{1}{5} \right) \div \left(-\frac{2}{3} \right)$

(4) $\left(-\frac{6}{7} \right) \div \left(-\frac{3}{14} \right) \times \left(-1\frac{1}{2} \right)$

(5) $\frac{3}{4} \div \left(-1\frac{1}{8} \right) \times \left(-\frac{9}{16} \right) \div \frac{3}{8}$

(6) $\left(-2\frac{1}{4} \right) \times \left(-6\frac{2}{3} \right) \div 1\frac{1}{4} \div (-6)$

45. 次の計算をせよ。

(1) $4 \div \{ (-6) \div 3 \}$

(2) $(-6) \div \{ 3 \times (-4) \}$

(3) $\frac{2}{3} \div \left\{ \frac{4}{5} \div \left(-\frac{2}{3} \right) \right\}$

(4) $12 \div \left\{ \left(-1\frac{2}{7} \right) \times \left(-3\frac{1}{2} \right) \right\}$

(5) $\left(-2\frac{1}{2} \right) \div \left\{ 1\frac{2}{3} \times \left(-1\frac{1}{5} \right) \right\}$

(6) $\left(-\frac{5}{6} \right) \div \left\{ -\frac{1}{2} \div \left(-2\frac{1}{4} \right) \right\} \times 1\frac{3}{5}$

6…累乗と乗除の混じった計算

1 **累乗と指数**

(1) 同じ数 a をいくつかかけ合わせた積を a の **累乗** という。

$$a \times a = a^2 \qquad (a \text{ の 2 乗}, \ a \text{ の平方})$$
$$a \times a \times a = a^3 \qquad (a \text{ の 3 乗}, \ a \text{ の立方})$$
$$a \times a \times a \times a = a^4 \quad (a \text{ の 4 乗})$$

(2) a の右肩に小さく書かれている数は **指数** といい，かけ合わせた個数を表している。

2 **累乗の計算**

(1) 正の数の累乗は，その数の絶対値の累乗に正の符号をつける。

（例） $(+2)^2 = +2^2 = 4$

$(+2)^3 = +2^3 = 8$

(2) 負の数の累乗は，その数の絶対値の累乗に，

指数が $\left\{ \begin{array}{l} \textbf{偶数のとき正の符号} \\ \textbf{奇数のとき負の符号} \end{array} \right\}$ をつける。

（例） $(-2)^4 = (-2) \times (-2) \times (-2) \times (-2) = +2^4 = 16$

$(-2)^5 = (-2) \times (-2) \times (-2) \times (-2) \times (-2) = -2^5 = -32$

注 $-a^2 = -a \times a$ と $(-a)^2 = (-a) \times (-a)$ のちがいをはっきり区別する。

（例） $-2^4 = -16$

$(-2)^4 = 16$

3 **累乗と乗除の混じった計算**

累乗と乗除の混じった計算は，累乗を先に計算する。

基本問題

46. 次の積を，累乗の指数を使って表せ。

(1) 5×5

(2) $(-3) \times (-3) \times (-3)$

(3) $-7 \times 7 \times 7 \times 7$

(4) $\left(-\dfrac{1}{2}\right) \times \left(-\dfrac{1}{2}\right) \times \left(-\dfrac{1}{2}\right) \times \left(-\dfrac{1}{2}\right)$

47. 次の計算をせよ。

(1) 6^2

(2) $(-2)^3$

(3) $(-3)^2$

(4) -3^2

●**例題9**● 次の計算をせよ。

(1) $(-3)^5$

(2) $\left(-\dfrac{2}{3}\right)^3$

(3) $\left(-1\dfrac{1}{4}\right)^2$

(4) $(-1.5)^3$

解説 負の数の累乗は，累乗の指数が偶数か奇数かで，その符号が決まる。(1)〜(4)の指数はそれぞれ(1)奇数，(2)奇数，(3)偶数，(4)奇数であるから，符号はそれぞれ(1)負，(2)負，(3)正，(4)負となる。

(2)は $\left(-\dfrac{2}{3}\right)^3=\left(-\dfrac{2}{3}\right)\times\left(-\dfrac{2}{3}\right)\times\left(-\dfrac{2}{3}\right)=-\left(\dfrac{2}{3}\times\dfrac{2}{3}\times\dfrac{2}{3}\right)=-\dfrac{2^3}{3^3}$ である。

(3)のような帯分数の累乗は，仮分数になおして計算する。

すなわち，$\left(-1\dfrac{1}{4}\right)^2=\left(-\dfrac{5}{4}\right)^2=\left(-\dfrac{5}{4}\right)\times\left(-\dfrac{5}{4}\right)=+\dfrac{5^2}{4^2}$ である。

(4)は，$(-1.5)^3=-1.5^3=-1.5\times1.5\times1.5=-3.375$ であるが，小数の場合は

$(-1.5)^3=\left(-\dfrac{3}{2}\right)^3$ のように分数の累乗になおして計算するとよい。

解答 (1) $(-3)^5=-3^5=-243$ ………(答)

(2) $\left(-\dfrac{2}{3}\right)^3=-\left(\dfrac{2}{3}\right)^3=-\dfrac{2^3}{3^3}=-\dfrac{8}{27}$ ………(答)

(3) $\left(-1\dfrac{1}{4}\right)^2=\left(-\dfrac{5}{4}\right)^2=+\left(\dfrac{5}{4}\right)^2=\dfrac{5^2}{4^2}=\dfrac{25}{16}$ ………(答)

(4) $(-1.5)^3=\left(-\dfrac{3}{2}\right)^3=-\left(\dfrac{3}{2}\right)^3=-\dfrac{3^3}{2^3}=-\dfrac{27}{8}$ ………(答)

注 (4)のように，小数で与えられた計算問題であっても，答え方に指示がない限り分数で答えてもよい。

演習問題

48. 次の計算をせよ。

(1) $(-1)^7$

(2) $(-1)^{16}$

(3) $(-2)^6$

(4) 2^{10}

(5) -3^4

(6) $(-3)^4$

(7) $-\left(-\dfrac{2}{3}\right)^2$

(8) $\left(-1\dfrac{1}{3}\right)^3$

(9) $(-3.5)^2$

●**例題10**● 次の計算をせよ。

(1) $(-3)^2 \times (-2^2) \times (-5) \times (-2)^3$

(2) $12 \div (-2)^3 \times 6 \div (-9)$

(3) $4\dfrac{1}{5} \div \left(-1\dfrac{3}{4}\right)^2 \times \left(-2\dfrac{1}{3}\right)$

(解説) 累乗と乗除の混じった計算は，累乗を先に計算する。

(解答) (1) $(-3)^2 \times (-2^2) \times (-5) \times (-2)^3 = 9 \times (-4) \times (-5) \times (-8)$

$$= -(9 \times 4 \times 5 \times 8) = -1440 \cdots\cdots(答)$$

(2) $12 \div (-2)^3 \times 6 \div (-9) = 12 \div (-8) \times 6 \div (-9)$

$$= 12 \times \left(-\frac{1}{8}\right) \times 6 \times \left(-\frac{1}{9}\right)$$

$$= +\left(12 \times \frac{1}{8} \times 6 \times \frac{1}{9}\right) = 1 \cdots\cdots(答)$$

(3) $4\dfrac{1}{5} \div \left(-1\dfrac{3}{4}\right)^2 \times \left(-2\dfrac{1}{3}\right) = \dfrac{21}{5} \div \left(-\dfrac{7}{4}\right)^2 \times \left(-\dfrac{7}{3}\right)$

$$= \frac{21}{5} \div \frac{49}{16} \times \left(-\frac{7}{3}\right)$$

$$= -\left(\frac{21}{5} \times \frac{16}{49} \times \frac{7}{3}\right) = -\frac{16}{5} \cdots\cdots(答)$$

演習問題

49. 次の計算をせよ。

(1) $(-2^2) \times (-7)$

(2) $(-3)^2 \times (-1)^2 \times (-2)$

(3) $(-2)^3 \times 3^2 \times (-1)^7$

(4) $-2^4 \times (-3)^2 \times \dfrac{1}{8}$

(5) $(-2)^2 \times \left(-\dfrac{1}{2}\right)^3 \times (-5)$

(6) $\left(-1\dfrac{1}{3}\right)^2 \times 6^2 \times \left(-\dfrac{1}{4}\right)^3$

50. 次の計算をせよ。

(1) $(-4)^2 \div 2^2 \times (-3)$

(2) $(-2)^3 \times (-1)^8 \div (-4)^2$

(3) $-6^2 \div (-3)^2 \div (-12) \times 4$

(4) $(-3)^3 \div 6^2 \times (-20) \div (-8)$

(5) $\left(-\dfrac{3}{5}\right)^2 \div \left(-\dfrac{1}{10}\right) \times \dfrac{5}{18}$

(6) $\left(-\dfrac{1}{2}\right)^3 \times \left(-3\dfrac{3}{5}\right) \div \left(-1\dfrac{1}{2}\right)^2$

(7) $-2^2 \div (-3^3) \times \left(\dfrac{3}{4}\right)^2 \div \left(-\dfrac{1}{2}\right)^4$

(8) $4^2 \times \left(-1\dfrac{1}{8}\right) \times 36 \div (-3)^4 \div 0.4^2$

7 … 四則の混じった計算

1. **四則の混じった計算**

加法，減法，乗法，除法をまとめて**四則（四則演算）**という。

四則の混じった計算は，①**累乗**，②**乗除**，③**加減**の順序で行う。

かっこのあるときは，かっこの中の計算を最初に行う。かっこは，小かっこ，中かっこ，大かっこの順に計算する。かっこの中の計算も，①累乗，②乗除，③加減の順序で行う。

2. **分配法則**

分配法則をあてはめることができるときには，それを使ったほうが簡単になることがある。

$$a \times (b+c) = a \times b + a \times c$$

$$(a+b) \times c = a \times c + b \times c$$

(例)　$25 \times (-99) = 25 \times (1-100)$
$$= 25 \times 1 - 25 \times 100$$
$$= 25 - 2500$$
$$= -2475$$

基本問題

51. 次の計算をせよ。

(1) $3 \times (-4) + 2 \times (-3)$

(2) $4 \times (-7) + (-3) \times (-6)$

(3) $3 - 5 \times (-2)$

(4) $3 \times (-12) + 16 \div (-8)$

(5) $-2 \div 3 \times (-6) - 7$

(6) $-5 \times (-6) \div (-10) + 3$

(7) $98 \times (-24)$

(8) $-57 \times (-103)$

52. 次の計算をせよ。

(1) $4 \times (-2) - (-4^2)$

(2) $(-2)^2 - 2^3 \div 2$

(3) $(2^2 + 2) \times 2$

(4) $6 \times (3^2 - 14)$

(5) $(5^2 - 2^4) \div (-3^2)$

(6) $(-2^3 - 3^3) \div (-7)$

(7) $(-5)^2 \times (-11^2 + 7^2)$

(8) $(-3^2) \times 5 - (-2)^3 \times 7$

● **例題11** ● 次の計算をせよ。

(1) $(-2)^4-3\times(-2)+(-12)^2\div(-6)$

(2) $\{(-2)^2\times(-3)+2\}\times(-2)-3\times(-6)^2\div(-9)$

解説 累乗，乗除，加減の順に計算する。

解答 (1) $(-2)^4-3\times(-2)+(-12)^2\div(-6)$ ⎱ 累乗の計算

$=16-3\times(-2)+144\div(-6)$ ⎱ 乗除の計算

$=16-(-6)+(-24)$ ⎱ 加減の計算

$=16+6-24$

$=-2$ ………(答)

(2) $\{(-2)^2\times(-3)+2\}\times(-2)-3\times(-6)^2\div(-9)$ ⎱ { }内の累乗の計算

$=\{4\times(-3)+2\}\times(-2)-3\times(-6)^2\div(-9)$ ⎱ { }内の乗除の計算

$=(-12+2)\times(-2)-3\times(-6)^2\div(-9)$ ⎱ ( )内の加減の計算

$=(-10)\times(-2)-3\times(-6)^2\div(-9)$ ⎱ 累乗の計算

$=(-10)\times(-2)-3\times36\div(-9)$ ⎱ 乗除の計算

$=20-(-12)$ ⎱ 加減の計算

$=20+12$

$=32$ ………(答)

参考 (2)は，かっこの中の計算だけを先に行ったが，下のように，まずかっこの中の累乗と他の累乗の計算を同時に行い，つぎにかっこの中の乗除と他の乗除の計算を同時に行ってもよい。

$\{(-2)^2\times(-3)+2\}\times(-2)-3\times(-6)^2\div(-9)$

$=\{4\times(-3)+2\}\times(-2)-3\times36\div(-9)$

$=(-12+2)\times(-2)-(-12)$

$=(-10)\times(-2)+12$

$=20+12$

$=32$

演習問題

53. 次の計算をせよ。

(1) $(-3)\times2^2\div(-6)-2^2$

(2) $-2^3+(-2^4)\div(-10)\times5$

(3) $(-5)^2-(-2)^3-(-3)^4$

(4) $(-2)\times(-1)^7-3\times(-1)^{10}$

(5) $(-3)^2\times4+(-3^2)\times(-6)$

(6) $(-3)^3-(-3^2)-2^4\div(-8)$

(7) $-24\times\dfrac{1}{(-3)^2}\div\dfrac{1}{15}+(-4)^2$

(8) $\dfrac{5}{48}\times\left(-\dfrac{2^4}{5}\right)-\left(-\dfrac{2^5}{3}\right)\div6\dfrac{2}{5}$

54. 次の計算をせよ。

(1) $15 \div (-5) - 2 \times \{-5 + (-2) \times (-4)\}$

(2) $\{(-3) \times 7 - (-5)\} \div (-4)$

(3) $\{4 \times (-3) - 1\} \times (-2) + 3 \times (-6)$

(4) $(-4) \times 2 + \{12 - (6 - 25)\} \times (-1)$

(5) $(-2)^3 \times (-3) \div \{(-3) \times 4\}$

(6) $(-2^2) \times (-3)^2 \div \{(-3) + (-2) \times 6\}$

●**例題12**●　分配法則を使って，次の計算をせよ。

(1) $(-12) \times \left(-\dfrac{5}{6} + \dfrac{3}{4}\right)$

(2) $(-5) \times 28 + (-5) \times (-8)$

解説　分配法則 $a \times (b+c) = a \times b + a \times c$ を使って，(1)は $\boxed{a} \times (b+c)$ を $\boxed{a} \times b + \boxed{a} \times c$ に，(2)は $\boxed{a} \times b + \boxed{a} \times c$ を $\boxed{a} \times (b+c)$ に変形する。

解答　(1) $(-12) \times \left(-\dfrac{5}{6} + \dfrac{3}{4}\right) = (-12) \times \left(-\dfrac{5}{6}\right) + (-12) \times \dfrac{3}{4}$

$\qquad\qquad = 10 - 9 = 1$ ………(答)

(2) $(-5) \times 28 + (-5) \times (-8) = (-5) \times \{28 + (-8)\}$

$\qquad\qquad = (-5) \times 20 = -100$ ………(答)

参考　(1)は $(-12) \times \left(-\dfrac{5}{6} + \dfrac{3}{4}\right) = (-12) \times \left(-\dfrac{10}{12} + \dfrac{9}{12}\right) = (-12) \times \left(-\dfrac{1}{12}\right) = 1$,

(2)は $(-5) \times 28 + (-5) \times (-8) = -140 + 40 = -100$ のように，分配法則を使わなくても計算できるが，分配法則を使ったほうが簡単になる。

演習問題

55. 分配法則を使って，次の計算をせよ。

(1) $-15 \times \left(\dfrac{3}{5} - \dfrac{2}{3}\right)$

(2) $36 \times \left(\dfrac{1}{9} + \dfrac{1}{4} - \dfrac{5}{12}\right)$

(3) $-7 \times (-13) + (-7) \times 3$

(4) $51 \times 6 - (-19) \times 6$

(5) $4 - 24 \times \left(-\dfrac{3}{4} + \dfrac{5}{8}\right)$

(6) $42 \times \left(\dfrac{1}{6} - \dfrac{1}{7} - \dfrac{1}{3}\right) - 2 \times (-5)$

(7) $3.14 \times 4^2 - 6^2 \times 3.14 + 31.4$

(8) $12 \times \left(\dfrac{1}{3} - \dfrac{1}{2} + \dfrac{1}{4}\right) - (-1.6) \times 3.35 + (-1.6) \times 0.85$

56. 次の計算をせよ。

(1) $-8+5\times\left(-\dfrac{2}{3}\right)\div\left(-\dfrac{5}{6}\right)$

(2) $\left(\dfrac{7}{4}-\dfrac{5}{6}\right)\div\dfrac{2}{3}+\left(-\dfrac{8}{5}\right)$

(3) $(-0.6)\times3-(-2.4)\div0.3\times\dfrac{3}{4}$

(4) $-2^4\div3\div(-4)^2+3\div\dfrac{9}{2}$

(5) $\left(\dfrac{1}{4}-\dfrac{2}{3}\right)\times\left(-1\dfrac{1}{5}\right)-\dfrac{5}{12}\div2\dfrac{1}{2}$

(6) $1\dfrac{1}{5}\times\left(\dfrac{1}{3}-\dfrac{1}{2}\right)-\left(-1\dfrac{1}{5}\right)\div\left(-2\dfrac{2}{3}\right)$

(7) $(-3+5)\times\left(\dfrac{2}{7}-1\right)\div\left(3-4\dfrac{1}{7}\right)$

57. 次の計算をせよ。

(1) $5-\left\{6\dfrac{1}{2}-\left(1\dfrac{1}{4}-\dfrac{2}{3}\right)\times\dfrac{6}{7}\right\}$

(2) $-\dfrac{2}{9}\div\left\{\dfrac{2}{3}-\left(\dfrac{1}{6}-\dfrac{3}{4}\right)\times2\right\}$

(3) $\left\{3-\left(-\dfrac{3}{4}\right)\div\left(-\dfrac{5}{16}\right)\right\}\times(-5^2)$

(4) $\left(-\dfrac{3}{2}\right)^3\div0.75+\dfrac{(-2)^3-2^2+(-3)^2}{9}$

(5) $\left\{-\dfrac{1}{3}-\left(-\dfrac{1}{2}\right)^2\times\left(-\dfrac{2}{3}\right)\right\}\div\left(\dfrac{1}{2}-\dfrac{3}{4}\right)^3$

(6) $\dfrac{6}{7}\times\left\{\dfrac{1}{2}-\dfrac{5}{28}-\left(-\dfrac{3}{7}\right)\right\}\div\dfrac{4}{15}\times\left(-\dfrac{5}{9}+\dfrac{1}{3^3}\right)$

58. 次の計算をせよ。

(1) $-2-\left(1.6-\dfrac{6}{5}\right)\div\dfrac{2}{5}+(3^2-7)\times\dfrac{3}{2}$

(2) $\left\{\dfrac{1}{3}-0.75-\left(\dfrac{2}{3}\right)^2\right\}\times3+0.4^2\times10^2+\dfrac{3}{5}\times(-10)$

(3) $\left\{\dfrac{2}{(-3)^2}\right\}^2\div\dfrac{-4}{7\times(-3)^2}+\left(\dfrac{7}{3}-1.5\right)^2$

(4) $1\dfrac{1}{4}\times(-2)^3+1250\times\left(-\dfrac{1}{10}\right)^3\times2+125\times\left(-\dfrac{1}{10}\right)^2\times2+1.25\times2^2$

(5) $-1.2^2\times\dfrac{5}{6}\times\left(\dfrac{1}{3}+0.5\right)+(-3)^2\div\dfrac{3^2}{2}$

(6) $\dfrac{1}{1-2^2}\times\dfrac{7}{4-(5-6)}-0.8\times(-0.9)$

●例題13● 右の表は，A，B，C，D，E，F の 6 人の生徒の数学のテストの得点と，それぞれの得点から基準にした点をひいた差の一部を表したものである。

生徒	A	B	C	D	E	F
得点	89		65		68	
差		-8		$+2$	-7	-3

(1) 基準にした点は何点か。

(2) 表の空らんをうめよ。

(3) 6 人の平均点を求めよ。

(解説) (1) E の得点と差から，基準点を求める。

(2) (1)で求めた基準点をもとにして空らんをうめる。

(3) (2)で求めた 6 人の得点の合計点を 6 で割れば平均点が求められるが，

$$(平均点)＝(基準点)＋(差の平均)$$

を使って求めると計算は簡単である。

(解答) (1) E の得点 68 点から基準にした点をひいた差が -7 であるから

$$(基準点)＝68-(-7)＝75$$ 　　　　　　　　　　（答） 75 点

(2)

生徒	A	B	C	D	E	F
得点	89	**67**	65	**77**	68	**72**
差	**+14**	-8	**−10**	$+2$	-7	-3

(3) 差の平均は $\dfrac{(+14)+(-8)+(-10)+(+2)+(-7)+(-3)}{6}＝\dfrac{-12}{6}＝-2$

基準点は 75 点であるから，平均点は

$$75＋(-2)＝73$$ 　　　　　　　　　　（答） 73 点

注 (3)で，(得点)＝(基準点)＋(差) であるから 6 人の合計点は，

$\{75+(+14)\}+\{75+(-8)\}+\{75+(-10)\}+\{75+(+2)\}+\{75+(-7)\}$
$+\{75+(-3)\}$

$=75×6+\underset{\text{(差の合計)}}{(+14)+(-8)+(-10)+(+2)+(-7)+(-3)}=75×6+\underset{\text{(差の合計)}}{(-12)}$

よって，平均点は，

$$\frac{75×6+\underset{\text{(差の合計)}}{}}{6}=\frac{75×6}{6}+\frac{\underset{\text{(差の合計)}}{}}{6}=75+\underset{\text{(差の平均)}}{}$$

ゆえに，(平均点)＝(基準点)＋(差の平均) となる。

注 ここでの基準点のことを**仮平均**という。なお，平均点は，仮平均を何点にしても同じになる。（→7 章の例題 3 の参考，p.169）

演習問題

59. 次の表は，A～G の 7 人の生徒の身長から，7 人の身長の平均をひいた差を表したものである。

生徒	A	B	C	D	E	F	G
平均との差 (cm)	+1.6	−4.9	+3.4	−2.6	+1.7	+1.3	−0.5

(1) 最も高い生徒と最も低い生徒の身長の差は何 cm か。

(2) 平均が 158.2cm のとき，A の身長は何 cm か。

60. 次の表は，A～H の 8 人の生徒の英語のテストの得点から，基準にした点をひいた差を表したものである。8 人の平均点は 67.5 点であった。

生徒	A	B	C	D	E	F	G	H
差	+9	−15	+13	−5	0	+10	−28	−4

(1) 差の平均を求めよ。　　　　(2) 基準にした点は何点か。

(3) C の得点は何点か。

61. A, B, C, D, E の 5 人でゲームをし，5 人の得点の合計は 0 点であった。

(1) A は 15 点，B は −8 点，D は −4 点，E は 3 点であったとき，C は何点か。

(2) A, B, C, D の 4 人の得点の平均が −1.25 点であったとき，E は何点か。

62. −50, −40, −30, −20, −10, 10, 20, 30, 40, 50 の数が 1 つずつ書いてある 10 枚のカードから，5 枚のカードを取り出す。

(1) 取り出した 5 枚のカードの数の和は 0 であり，そのうちの 3 枚が −10 と −50 と 30 であるとき，残り 2 枚のカードの数はそれぞれ何か。考えられる場合をすべて求めよ。

(2) 取り出した 5 枚のカードの数の平均が −20 であり，そのうちの 2 枚が −20 と 40 であるとき，残り 3 枚のカードの数はそれぞれ何か。

63. A と B の 2 人は 1 つのさいころでゲームをした。得点は偶数の目が出たら +2 点，奇数の目が出たら −3 点とした。それぞれが 10 回ずつ投げ，得点の合計が多いほうを勝ちとする。ゲーム終了後，A の得点の合計は 5 点であった。

(1) A は奇数の目を何回出したか。

(2) B は A に勝った。B の得点は何点であったか。考えられる得点をすべて求めよ。

8…素因数分解と数の集合

1 **素数**

1 とその数自身以外に正の約数をもたない自然数を**素数**という。ただ
し，1 は素数ではない。

（例）　2，　3，　5，　7，　11，　13，　17，　19，　…

注　素数でない 2 以上の自然数を**合成数**という。

2 **素因数分解**

自然数を素数の積で表すことを，**素因数分解する**という。自然数を素
因数分解したとき，それぞれの素数をその自然数の**素因数**という。

（例）　$84＝2^2×3×7$　であり，2，3，7 は 84 の素因数である。

3 **数の集合**

素数全体の集まりを**素数の集合**といい，自然
数全体の集まりを**自然数の集合**という。

また，整数全体の集まりを**整数の集合**という。

分数 $\dfrac{m}{n}$ の形で表すことができる数を**有理数**

といい，有理数全体の集まりを**有理数の集合**という。

注　有理数については，「新 A クラス中学数学問題集 3 年」（→2 章，p.41）で
くわしく学習する。上の分数の m，n は整数，n は 0 でない数。

4 **四則の可能性**

自然数と自然数の和はつねに自然数である。このことを，自然数の集
合は加法について**閉じている**という。

自然数と自然数の差は，$2－5＝－3$ のように，つねに自然数とは限ら
ない。このことを，自然数の集合は減法について**閉じていない**という。

自然数と自然数の積はつねに自然数であるから，自然数の集合は乗法
について閉じている。

自然数と自然数の商は，$2÷3＝\dfrac{2}{3}$ のように，つねに自然数とは限ら

ないから，自然数の集合は除法について閉じていない。

有理数の集合は，加法，減法，乗法，除法の四則すべてについて閉じ
ている。素数の集合は，四則すべてについて閉じていない。

◯**基本問題**◯

64. 次の数のうち，素数はどれか。

　　31，　41，　51，　61，　71，　81，　91，　101

65. 次の数を素因数分解せよ。

(1)　56　　　　　　(2)　120　　　　　　(3)　1260　　　　　　(4)　2160

●**例題14**●　素因数分解を利用して，48，60，72 の最大公約数と最小公倍数を求めよ。

(**解説**)　各数を素因数分解して，次のように求める。

$48 = 2^4 \times 3 \qquad\qquad = 2 \times 2 \times 2 \times 2 \times 3$

$60 = 2^2 \times 3 \times 5 = 2 \times 2 \qquad\quad \times 3 \qquad \times 5$

$72 = 2^3 \times 3^2 \qquad\quad = 2 \times 2 \times 2 \quad \times 3 \times 3$

（最大公約数）$= 2 \times 2 \qquad\qquad \times 3 \qquad\qquad = 12$

（最小公倍数）$= 2 \times 2 \times 2 \times 2 \times 3 \times 3 \times 5 = 720$

```
2) 48        2) 60        2) 72
2) 24        2) 30        2) 36
2) 12        3) 15        2) 18
2)  6           5         3)  9
    3                         3
```

(**解答**)　$48 = 2^4 \times 3$，$60 = 2^2 \times 3 \times 5$，$72 = 2^3 \times 3^2$ であるから，

　　最大公約数は

　　　　　　$2^2 \times 3 = 12$

　　最小公倍数は

　　　　　　$2^4 \times 3^2 \times 5 = 720$

（答）　最大公約数　12，最小公倍数　720

◯**演習問題**◯

66. 素因数分解を利用して，次の各組の数の最大公約数と最小公倍数を求めよ。

(1)　90，　108　　　　　　(2)　42，　70，　105　　　　　　(3)　72，　180，　270

●**例題15**●　168 にできるだけ小さい自然数をかけて，その積がある自然数の 2 乗になるようにする。どのような数をかけたらよいか。

(**解説**)　まず，168 を素因数分解する。その結果から，168 と自然数の積が，ある自然数の 2 乗の形で表されるもののうち，最小になる数を考える。

(解答) $168＝2^3×3×7$ であるから，168 に $2×3×7$ をかけて

$$168×(2×3×7)＝(2^3×3×7)×(2×3×7)$$
$$＝2^4×3^2×7^2$$
$$＝(2^2×3×7)^2$$
$$＝84^2$$

ゆえに，168 に $2×3×7＝42$ をかけると，84 の 2 乗になる。

2)	168
2)	84
2)	42
3)	21
	7

(答) 42

(注) $1＝1^2$，$4＝2^2$，$9＝3^2$，$16＝4^2$，$25＝5^2$，… のように，自然数の 2 乗の形で表すことのできる数を**平方数**という。

演習問題

67. 次の数にできるだけ小さい自然数をかけて，その積が平方数になるようにする。どのような数をかけたらよいか。また，その積はどのような自然数の平方になるか。

(1) 96 　　　　　 (2) 120 　　　　　 (3) 756

68. $\dfrac{65}{n}$ が整数となるような自然数 n をすべて求めよ。

69. 体積が $1\,\text{cm}^3$ の立方体をいくつか集めて立方体 A をつくり，さらに立方体 A をいくつか集めて直方体 B をつくった。その結果，直方体 B の 1 つの頂点に集まっている 3 つの面の面積は，それぞれ $294\,\text{cm}^2$，$490\,\text{cm}^2$，$735\,\text{cm}^2$ になった。

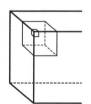

(1) 立方体 A の 1 辺の長さを求めよ。

(2) 直方体 B は立方体 A を何個集めてつくったものか。

進んだ問題の解法 ‖‖‖

> ‖‖‖**問題1** 72 の正の約数の個数を求めよ。

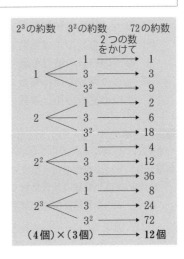

(解説) 72 を素因数分解すると，$72=2^3 \times 3^2$ である。

72 の正の約数は，2^3 の約数と 3^2 の約数の積で表すことができる。

2^3 の約数は 1, 2, 2^2, 2^3 の 4 個
3^2 の約数は 1, 3, 3^2　　　の 3 個

2^3 の約数 1 に対して，72 の約数は，3^2 の約数が 1, 3, 3^2 の 3 個あるから，$1 \times 1 = 1$，$1 \times 3 = 3$，$1 \times 3^2 = 9$ の 3 個ある。

同様に，2^3 の約数 2, 2^2, 2^3 に対して，72 の約数は 3 個ずつあるから，72 の正の約数の個数は，

$$4 \times 3 = 12$$

(解答) 72 を素因数分解すると

$$72 = 2^3 \times 3^2$$

であるから，約数の個数は

$$4 \times 3 = 12$$

(答) 12 個

注 $72 = 2^3 \times 3^2$ であるから，右上のように考えると，72 の約数の個数は

$$(\boxed{3}+1) \times (\boxed{2}+1) = 4 \times 3 = 12$$
$$\uparrow \qquad \uparrow$$
2の指数　3の指数

一般に，自然数 A が，$A = a^\ell \times b^m \times c^n$ （a, b, c は異なる素数）と素因数分解できるとき，A の正の約数の個数は，$(\ell+1) \times (m+1) \times (n+1)$ 個である。

‖‖‖‖‖**進んだ問題** ‖‖‖‖‖

70. 次の数の正の約数の個数を求めよ。

(1) $2^4 \times 3^5$　　　　　(2) 96　　　　　(3) 600

71. $\dfrac{100}{x}$ が整数となるような自然数 x の個数を求めよ。

72. $\dfrac{n}{12}$, $\dfrac{360}{n}$ がともに整数となるような自然数 n の個数を求めよ。

●**例題16**● 次の文について，正しいものには○，正しくないものには×
をつけよ。また，正しくないものについては，その正しくない例を1つあ
げよ。
(1) 2つの整数の和は整数である。
(2) 2つの整数の差は整数である。
(3) 2つの整数の積は整数である。
(4) 2つの整数の商は整数である。ただし，0で割ることは考えない。
(5) 2つの素数の和は素数である。

(**解説**) ある文が「正しい」かどうか聞かれたとき，どのような場合でも正しいときは，
「正しい」と答える。正しくない例が1つでもあるときは，「正しくない」と答える。

(**解答**) (1) 2つの整数の和は整数であるから正しい。 (答) ○

(2) 2つの整数の差は整数であるから正しい。 (答) ○

(3) 2つの整数の積は整数であるから正しい。 (答) ○

(4) たとえば，2つの整数2，3について，$2 \div 3 = \dfrac{2}{3}$ であり，$\dfrac{2}{3}$ は整数でないから，
2つの整数の商は整数とは限らない。

(答) ×，正しくない例 $2 \div 3 = \dfrac{2}{3}$

(5) たとえば，2つの素数2，7について，$2 + 7 = 9$ であり，9は素数でないから，2
つの素数の和は素数とは限らない。

(答) ×，正しくない例 $2 + 7 = 9$

注 (4)，(5)の解答にある，正しくない例のことを**反例**という。正しくないことをいうには，
反例を1つあげればよい。

注 (4)の反例としては，$2 \div 5 = \dfrac{2}{5}$ などでもよい。(5)の反例も，$3 + 5 = 8$ など，さまざまな
ものが考えられる。

注 (1)より，整数の集合は，加法について閉じている。
(2)より，整数の集合は，減法について閉じている。
(3)より，整数の集合は，乗法について閉じている。
(4)より，整数の集合は，除法について閉じていない。
したがって，整数の集合は，自然数の集合を減法についても閉じているようにするた
めに数の概念を広げたものである。さらに，除法についても閉じているようにするため
に数の概念を広げたものが，有理数の集合である。

演習問題

73. 次の文について，正しいものには○，正しくないものには×をつけよ。また，正しくないものについては，反例を1つあげよ。

(1) 2つの正の数の和は正の数である。

(2) 2つの正の数の差は正の数である。

(3) 2つの正の数の積は正の数である。

(4) 2つの正の数の商は正の数である。

74. 2つの負の数の和，差，積，商について，次の問いに答えよ。

(1) 計算結果がつねに負の数になるものはどれか。

(2) 計算結果がつねに正の数になるものはどれか。

(3) 計算結果が正の数にも負の数にも0にもなるものはどれか。

75. 2×（整数）で表すことができる整数を偶数といい，2×（整数）で表すことができない整数を奇数という。たとえば，4，12，0，−6は偶数であり，5，9，−3，−11は奇数である。次の問いに答えよ。

(1) 偶数の集合は，加法，減法，乗法，除法のどの演算について閉じているか。

(2) 奇数の集合は，加法，減法，乗法，除法のどの演算について閉じているか。

進んだ問題の解法 ‖‖

> ‖‖‖**問題2** 0でない3つの数 a，b，c について，次の①〜④が成り立っているとき，a，b，c はそれぞれ正の数か負の数か。不等号を使って答えよ。
>
> ① $a \times b \times c < 0$ ② $a + b > 0$ ③ $|a| > |b|$ ④ $a < c$

[解法] このような問題では，①〜④からそれぞれわかることは何かをつかみ，さらに，①〜④をたがいに組み合わせてわかることをつかんでいくことが大切である。

[解答] ① $a \times b \times c < 0$ より，負の数は1個か3個（奇数個）ある。

②$a + b > 0$ より，a，b の少なくとも一方は正の数である。

したがって，負の数は3個ではなく1個あるから，

④$a < c$ より，c は負の数ではない。

ゆえに，$c > 0$ である。

したがって，a，b のうち一方が正の数，もう一方が負の数であるから，

②$a + b > 0$，③$|a| > |b|$ より，絶対値の小さい数 b が負の数となる。

ゆえに，$a > 0$，$b < 0$ である。

(答) $a > 0$，$b < 0$，$c > 0$

|||||| **進んだ問題** ||||||

76. 次の □ にあてはまる不等号を入れよ。

(1) $a>b$ で $a+b>0$ のとき，a □ 0

(2) $a>b$ で $a×b<0$ のとき，a □ 0, b □ 0

(3) $a+b>0$ で $a×b>0$ のとき，a □ 0, b □ 0

(4) $a+b<0$ で $a×b>0$ のとき，a □ 0, b □ 0

77. 0 でない 4 つの数 a, b, c, d について，次の①〜④が成り立っているとき，a, b, c, d はそれぞれ正の数か負の数か。不等号を使って答えよ。

① $a×d>0$

② $a+b=0$

③ $a+d<0$

④ $b×c>0$

78. 2 つの整数 a, b が $-4<a<3$, $-5<b<4$ であるとき，次の数を求めよ。

(1) $a+b$ で，最も大きい数と最も小さい数

(2) $a×b$ で，最も大きい数と最も小さい数

(3) $a-b$ で，最も大きい数と最も小さい数

(4) $a÷b$ で，最も大きい数と最も小さい数（ただし，$b≠0$）

注 $b≠0$ は，b が 0 に等しくないことを表す。

1章の問題

1 下の(1)～(5)にあてはまる数を，次の数の中から選べ。

$$-12, \quad +4, \quad -0.01, \quad -\frac{4}{5}, \quad +0.1, \quad -1, \quad +\frac{1}{100}, \quad +3\frac{1}{2}$$

(1) 最も大きい数   (2) 最も小さい数

(3) 負の数で最も大きい数   (4) 絶対値の最も大きい数

(5) 絶対値の最も小さい数

2 次の □ にあてはまる数または語句を入れよ。

(1) -5 は -1 より □ だけ小さい数である。

(2) □ は -10 より 3 だけ大きい数である。

(3) -4 は □ より -4 だけ小さい数である。

(4) -5 は 0 より 5 だけ □ 数である。

(5) -8 は -4 より -4 だけ □ 数である。

3 次の問いに答えよ。

(1) -8.2 と -6.3 の間にある整数をすべて求めよ。

(2) -1.5 と 2.5 の間にある整数をすべて求めよ。

4 数直線上で，次の点に対応する数を求めよ。

(1) -5 からの距離が 9 である点

(2) -3 と 5 の間を 2 等分する点

(3) -4 と 8 の間を 3 等分する点

5 ある整数があって，4 との和は正の数，-4 との和は負の数になる。ある整数は何か。考えられる数をすべて求めよ。

6 右の表は，A，B，C，D，E，Fの6人の生徒の体重から，基準にした重さをひいた差を表したも

生徒	A	B	C	D	E	F
差(kg)	-3	$+1$	-5	$+4$	-2	$+8$

のである。次の □ にあてはまる数または記号を入れよ。

(1) 基準に最も近い生徒は □(ア) である。

(2) 最も重い生徒は □(イ)，最も軽い生徒は □(ウ) である。

(3) D は C より □(エ) kg 重い。

(4) 基準が 45kg であるとき，6人の体重の平均は □(オ) kg である。

[7] 次の表の空らんに数をあてはめて，縦，横，斜めのそれぞれの数の和が，どれも等しくなるようにしたい。空らんにあてはまる数を入れよ。

(1)

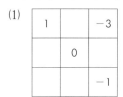

1		−3
	0	
		−1

(2)

6	−7		3
		0		−2
		−3	
−6		4	−9

[8] 次の計算をせよ。

(1) $-6-2\times(-5)+12\div(-4)$ 　　(2) $\{-2\times(-3)-8\}\times3+9$

(3) $\{8-5\times(-4)\}\div(-4)-3\times5$ 　　(4) $(-3^2-1)\times2-2^3\div4$

(5) $(-5)\times6-54\div(-3)^3\times6$ 　　(6) $2\times(-3)^2-6^2\div(-9)\div4$

(7) $-2^2+\{4-(-3)\times3^3\}\times2$ 　　(8) $63\div(-7)-3^2\times\{(-2)^3-2^3\}$

(9) $\{-3^2\times2+(-2)^3-4\times(-6)\}\div(-3)^2$

(10) $(-0.1)^3\times10^4-(-2)^2\times(-5)$

[9] 次の計算をせよ。

(1) $2\dfrac{1}{2}\times\left(-\dfrac{1}{3}\right)-\dfrac{1}{3}\times\left(-\dfrac{1}{2}\right)$ 　　(2) $-2\dfrac{1}{3}\times\dfrac{3}{7}-\dfrac{8}{15}\div\left(-\dfrac{2}{3}\right)$

(3) $\left(\dfrac{2}{3}-\dfrac{5}{6}\right)\div\left(-\dfrac{1}{12}\right)-(-3)$ 　　(4) $3-\left\{\dfrac{1}{4}-3\times\left(1\dfrac{2}{3}-\dfrac{3}{4}\right)\right\}$

(5) $3\times(-6)+3\dfrac{1}{2}\div\dfrac{3}{5}\times(-6)$ 　　(6) $\dfrac{11}{3}\div\left(\dfrac{6}{7}-\dfrac{7}{3}\right)-\dfrac{3}{2}\div\left(\dfrac{7}{5}-\dfrac{9}{2}\right)$

(7) $\dfrac{1}{6}\times\left\{\dfrac{3}{5}\times\left(\dfrac{3}{2}-\dfrac{1}{3}\right)-\dfrac{2}{5}\right\}-\dfrac{1}{15}$

(8) $\left\{\dfrac{1}{3}+\left(\dfrac{2}{3}-\dfrac{1}{4}\right)\times1\dfrac{1}{3}\right\}\div\left(-1\dfrac{1}{3}\right)$

[10] 次の計算をせよ。

(1) $2\dfrac{1}{3}\div(-2^2)-2\dfrac{1}{4}\times\left(-\dfrac{1}{3}\right)^3$ 　　(2) $-9^2\times(-0.4)^2-\left(-\dfrac{2}{5}\right)^2\times19$

(3) $-3^2\times\dfrac{7}{16}+(-5)^2\div2\dfrac{2}{7}$ 　　(4) $\{(-5)^2-2^4\}\div\left\{1-\left(\dfrac{1}{2}\right)^2\times3\right\}$

(5) $2\dfrac{3}{4}-0.625\div\dfrac{3}{16}-(-1.5)^2$ 　　(6) $5^2-1.4\div\left(-\dfrac{1}{5}\right)^2-3\dfrac{3}{4}\times\left(-\dfrac{2}{3}\right)^2$

(7) $1-\left\{\left(-4\dfrac{1}{3}\right)\div(-2)^3-3.75\times\left(-\dfrac{2}{3}\right)^3\right\}\div\left(-\dfrac{1}{6}\right)^3$

(8) $(3.25^2-1.25^2)\times\left(-\dfrac{2}{3}\right)^3-\left(0.2-\dfrac{4}{3}\right)\div\dfrac{3}{5}$

(9) $\left\{\left(-\dfrac{1}{2}\right)^3-\left(-\dfrac{1}{3}\right)^2+\dfrac{1}{4}\right\}\div\left\{1-\left(\dfrac{1}{2}-\dfrac{2}{3}\right)\right\}$

(10) $1\dfrac{2}{3}\times0.8+\left\{\dfrac{3}{4}-\left(-\dfrac{5}{9}\right)\times\left(-1\dfrac{1}{2}\right)\right\}^2\div\left(-\dfrac{1}{2}\right)^3$

11 縦 a cm, 横 b cm の長方形の紙があり, その面積は $504\,\mathrm{cm}^2$ である。この長方形の紙をできるだけ少なく使って, 重ならないようにすきまなく同じ向きに並べて正方形をつくりたい。ただし, a, b は自然数で, $a<b$ とする。

(1) $a=18$, $b=28$ のとき, この紙は何枚必要か。また, そのとき正方形の1辺の長さは何 cm か。

(2) 必要な枚数が最も少なくなるように, a, b の値を定めよ。また, そのとき必要な枚数は何枚か。

12 次の文について, 正しいものには ○, 正しくないものには × をつけよ。また, 正しくないものについては, 反例を1つあげよ。

(1) $a+b>0$, $a-b>0$ ならば, $a>0$, $b>0$ である。

(2) $a>0$, $b<0$ ならば, $a-b>0$ である。

(3) $|a+b|=|a|+|b|$ である。　　(4) $|a-b|=|a|-|b|$ である。

(5) $|a\times b|=|a|\times|b|$ である。

13 0 でない5つの数 a, b, c, d, e について, 次の①〜⑤が成り立っているとき, a, b, c, d, e はそれぞれ正の数か負の数か。不等号を使って答えよ。

① $b<c$　　② $d>e$　　③ $a\times e<0$　　④ $a\times c=d$　　⑤ $a\times b=c\times e$

14 2つの数 a, b は -3, -2, -1, 0, 1, 2 のうちのいずれかの数であり, $a\times b$ と $a-b$ はどちらも負の数になる。

(1) b は正の数, 負の数, または0のうちのどれか。

(2) a と b がどのような数であっても, つねに $a\times c=b\times c$ となる数 c を求めよ。

(3) $a+b$ が負の数になるとき, $a\times b$ は何か。考えられる数をすべて求めよ。

15 3つの整数の積が -28 で, そのうちの2つの整数の和は0である。この3つの整数は何か。考えられる場合をすべて求めよ。

文字式

1 文字式を書くときのきまり

(1) 積の表し方

① 乗法の記号×を省略する。

② 文字と数の積は，数を文字の前に書き，文字はアルファベット順に並べる。

③ 同じ文字の積は，累乗の指数を使って表す。

④ かっこでくくった部分と数や文字の間の×は省略する。

（例）　①　$a \times b = ab$ 　　　②　$x \times (-2) \times a \times p = -2apx$

　　　③　$a \times a \times 2 \times a = 2a^3$ 　　④　$(a+b) \times 2 = 2(a+b)$

注 数と数の間の乗法の記号×は，省略してはいけない。

$3 \times 6a$ の ×は省略できない。$3 \times 6 = 18$ であるから，$3 \times 6a = 18a$ である。

注 $1 \times a$, $a \times 1$ は，$1a$ と書かずに，単にaと書く。

また，$(-1) \times a$, $a \times (-1)$ は，$-1a$ と書かずに，単に $-a$ と書く。

ただし，$0.1 \times a$, $a \times 0.1$ は，$0.1a$ と書く。$0.a$ と書いてはいけない。

注 $3\frac{2}{5} \times a$ は，$3\frac{2}{5}a$ と書かずに，$3\frac{2}{5}$ を仮分数にして $\frac{17}{5}a$ または $\frac{17a}{5}$ と書く。

(2) 商の表し方　除法の記号÷を使わずに，分数の形で書く。

（例）　$a \div b = a \times \dfrac{1}{b} = \dfrac{a}{b}$ 　　　　$a \times b \div (c+d) = a \times b \times \dfrac{1}{c+d} = \dfrac{ab}{c+d}$

注 $a \times \dfrac{1}{b}$ は $\dfrac{a}{b}$ と書く。（帯分数ではないので $a\dfrac{1}{b}$ と書いてはいけない）

また，$a \times \dfrac{c}{b}$ も，$a\dfrac{c}{b}$ と書かずに，$\dfrac{ac}{b}$ と書く。

● **基本問題** ●

1. 次の式を，乗法，除法の記号×，÷を使わない式になおせ。

(1) $2 \times a \times b$　　　(2) $4 \times a \times a \times b$　　　(3) $x \times (-3) \times x \times x \times y \times y$

(4) $a \times 4 - b \times 6$　　　(5) $a \times a \div 2 \times b$　　　(6) $(x-y) \div z$

2. 次の式を，乗法，除法の記号×，÷を使った式になおせ。

(1) $-2ab$　　(2) $4xy^2$　　(3) $\dfrac{3x}{y}$　　(4) $\dfrac{2xy}{z}$　　(5) $\dfrac{a+b}{x+y}$

3. 次の数量を，文字式で表せ。

(1) a の 2 倍と b の和の 3 倍

(2) a の 3 乗と b の 2 乗の和

(3) 1 本 a 円の鉛筆 5 本と 1 冊 150 円のノート b 冊を買ったときの代金の合計

(4) 50 円玉 x 枚と 100 円玉 y 枚の合計金額

(5) 時速 4km で x 時間歩いたときの道のり

(6) 縦が 3cm，横が a cm の長方形の周の長さ

(7) 1 個 a 円の品物を b 個買い，1000 円札で払ったときのおつり

(8) みかんを 1 人 a 個ずつ b 人に分けると 7 個余るときのみかんの総数

●**例題1**●　次の式を，乗法，除法の記号×，÷を使わない式になおせ。

(1) $a \div b \times c$　　　(2) $a \div (b \times c)$　　　(3) $a \div (b \div c)$

(4) $a \div (b+c) \div (b+c)$　　　(5) $a \div b + c \div (b+c)$

解説 除法 $\div b$ は乗法 $\times \dfrac{1}{b}$ になおし，×の記号を省略する。累乗やかっこの中は，

1 つのものと考える。かっこがあるかないかで，結果が異なるので注意すること。

解答 (1) $a \div b \times c = a \times \dfrac{1}{b} \times c = \dfrac{ac}{b}$ ………(答)

(2) $a \div (b \times c) = a \div bc = a \times \dfrac{1}{bc} = \dfrac{a}{bc}$ ………(答)

(3) $a \div (b \div c) = a \div \left(b \times \dfrac{1}{c} \right) = a \div \dfrac{b}{c} = a \times \dfrac{c}{b} = \dfrac{a \times c}{b} = \dfrac{ac}{b}$ ………(答)

(4) $a \div (b+c) \div (b+c) = a \times \dfrac{1}{b+c} \times \dfrac{1}{b+c} = \dfrac{a}{(b+c)^2}$ ………(答)

(5) $a \div b + c \div (b+c) = a \times \dfrac{1}{b} + c \times \dfrac{1}{b+c} = \dfrac{a}{b} + \dfrac{c}{b+c}$ ………(答)

演習問題

4. 次の式を，乗法，除法の記号×，÷を使わない式になおせ。

(1) $a \div b \div c \times (-3)$ (2) $a \div (b \div c) \times 2$

(3) $x \div (y \times z) \times 3 \times x$ (4) $2 \times x \times x \div (y \div z)$

(5) $a \div (x-y) \times b$ (6) $(x+y) \times (x+y) \times a - a \div x$

(7) $x \times x - (x+y) \times (x+y)$ (8) $a \times b \div x - (a+b) \div (x+y) \times c$

5. 次の式を，乗法，除法の記号×，÷を使った式になおせ。

(1) $\dfrac{ab}{cd}$ (2) $\dfrac{a}{bc^2}$ (3) $a^3 + b^3$

(4) $(a+b)^2 - 2ab$ (5) $\dfrac{a+b}{x} - \dfrac{x^2}{3}$ (6) $\dfrac{3a}{x^2y} + \dfrac{x+y}{b-c}$

●**例題2**● 次の数量を，文字式で表せ。

(1) 2000円の a 割

(2) 濃度 a ％ の食塩水 x g と濃度 b ％ の食塩水 y g を混ぜたときの食塩水の濃度

解説 (1) a 割は $\dfrac{a}{10}$ のことである。

(2) a ％ は $\dfrac{a}{100}$ のことであるから，濃度 a ％ の食塩水 x g にふくまれる食塩の重さは

$x \times \dfrac{a}{100} = \dfrac{ax}{100}$（g）である。また，食塩水の濃度は $\left(\dfrac{(食塩の重さ)}{(食塩水の重さ)} \times 100 \right)$ ％ である。

解答 (1) $2000 \times \dfrac{a}{10} = 200a$ （答） $200a$ 円

(2) a ％ の食塩水 x g にふくまれる食塩の重さは $x \times \dfrac{a}{100} = \dfrac{ax}{100}$（g）

b ％ の食塩水 y g にふくまれる食塩の重さは $y \times \dfrac{b}{100} = \dfrac{by}{100}$（g）

この2種類の食塩水を混ぜると，ふくまれる食塩の重さは $\left(\dfrac{ax}{100} + \dfrac{by}{100} \right)$ g,

食塩水の重さは $(x+y)$ g になるから，濃度は

$$\dfrac{\frac{ax}{100} + \frac{by}{100}}{x+y} \times 100 = \dfrac{\left(\frac{ax}{100} + \frac{by}{100} \right) \times 100}{x+y} = \dfrac{ax+by}{x+y} \qquad （答） \dfrac{ax+by}{x+y} ％$$

演習問題

6. 次の数量を，文字式で表せ。

(1) a 分と b 秒の和（単位は秒で）

(2) 時計の長針が x 分間にまわる角度

(3) 片道 a km の道を，行きは自転車で時速 20 km で走り，帰りは時速 4 km で歩いて往復した。このとき，往復にかかった時間

(4) 片道 10 km の道を，行きは a 時間，帰りは b 時間かかって往復した。このときの往復の平均の速さ

(5) 縦が a cm，横と高さがともに b cm の直方体の体積と表面積

(6) 男子 a 人，女子 b 人のクラスで，音楽のテストをした。男子の平均点は x 点，女子の平均点は y 点であった。このときのクラス全体の平均点

(7) 定価 a 円の品物を x 割値上げしたときの値段

(8) 4月のはじめの貯金額は兄は a 円，妹は b 円であったが，8月の終わりには兄は3％減少し，妹は7％増加した。8月の終わりの兄妹の貯金額の合計

(9) 濃度 a％の食塩水 500 g から水を x g 蒸発させたときの食塩水の濃度

7. 次の問いに答えよ。

(1) 十の位の数が a，一の位の数が b，小数第1位の数が c である数を a, b, c を使って表せ。

(2) 連続する3つの整数のうち，真ん中の数を n として，他の2つの数をそれぞれ n を使って表せ。

(3) a, b, c を正の整数とする。a を b で割ると，余りが c である。このとき，a を b で割った商を，a, b, c を使って表せ。

8. 右の表は，正の整数をある規則にしたがって並べたものである。

(1) 上から3番目で左側から m 番目の数を，m を使って表せ。

(2) 上から1番目で左側から n 番目の数を，n を使って表せ。

1	4	7	10	13	…
2	5	8	11	14	…
3	6	9	12	15	…

9. 濃度5％の食塩水 a g と濃度3％の食塩水 b g を混ぜた食塩水から c g を取り出したとき，食塩水 c g にふくまれる食塩の重さを文字式で表せ。

2…式の値

1 **式の値**
　式の中の文字を数におきかえることを，文字にその数を**代入する**といい，代入して計算した結果を**式の値**という。
　（例）　$2x+3$ に $x=-4$ を代入すると，$2\times(-4)+3=-8+3=-5$
　　であるから，$x=-4$ のときの式の値は -5 である。
　注　-4 のような負の数のときは，かっこをつけ (-4) として代入する。

基本問題

10. $x=-2$ のとき，次の式の値を求めよ。
(1)　$2x-5$　　　(2)　$-3x+8$　　　(3)　$3x^2$　　　(4)　x^2+5x+6

●**例題3**●　$x=\dfrac{1}{2}$，$y=-2$ のとき，次の式の値を求めよ。

(1)　$4x^2+y^2$　　　(2)　$(x+y)^2$　　　(3)　$\dfrac{y}{x}+\dfrac{x}{y}+2xy$

解説 (1)　x^2 に $x=\dfrac{1}{2}$ を代入するとき，かっこをつけて $\left(\dfrac{1}{2}\right)^2$ とする。$\dfrac{1}{2}^2$ としないこと。

(3)　$\dfrac{y}{x}=y\div x$，$\dfrac{x}{y}=x\div y$ であることに着目して計算する。

解答 (1)　$4x^2+y^2=4\times\left(\dfrac{1}{2}\right)^2+(-2)^2=4\times\dfrac{1}{4}+4=5$　　　（答）　5

(2)　$(x+y)^2=\left\{\dfrac{1}{2}+(-2)\right\}^2=\left(\dfrac{1}{2}-2\right)^2=\left(-\dfrac{3}{2}\right)^2=\dfrac{9}{4}$　　　（答）　$\dfrac{9}{4}$

(3)　$\dfrac{y}{x}+\dfrac{x}{y}+2xy=(-2)\div\dfrac{1}{2}+\dfrac{1}{2}\div(-2)+2\times\dfrac{1}{2}\times(-2)$

$=-4-\dfrac{1}{4}-2=-\dfrac{25}{4}$　　　（答）　$-\dfrac{25}{4}$

参考 (3)の $\dfrac{y}{x}$ のような式では，そのまま代入して，次のように計算してもよい。

$\dfrac{y}{x}=\dfrac{-2}{\frac{1}{2}}=\dfrac{(-2)\times2}{\frac{1}{2}\times2}=\dfrac{-4}{1}=-4$

演習問題

11. $a=-3$, $b=2$ のとき，次の式の値を求めよ。

(1) $2a+b$ (2) $3a-2b$

(3) $2a+3b$ (4) $-a+4b+3$

12. $x=\dfrac{1}{2}$, $y=-3$ のとき，次の式の値を求めよ。

(1) $4x+5y-6$ (2) $3xy-5x+y$

(3) x^2+y^2

13. $x=1$, $y=-2$, $z=3$ のとき，次の式の値を求めよ。

(1) $x+2y-z$ (2) $xy+yz+zx$

(3) $x^2+y^2+z^2$ (4) $(x+y+z)^3$

(5) $(x-y)(y-z)(z-x)$ (6) $\dfrac{1}{x}+\dfrac{1}{y}+\dfrac{1}{z}$

14. $x=\dfrac{2}{3}$, $y=\dfrac{4}{9}$, $z=-\dfrac{1}{2}$ のとき，次の式の値を求めよ。

(1) $\dfrac{y}{x}+\dfrac{z}{y}-\dfrac{x}{z}$ (2) $\dfrac{x}{y}-\dfrac{y}{z}+\dfrac{z}{x}$

15. 次の式の値を求めよ。

(1) $a=\dfrac{2}{3}$, $b=-\dfrac{1}{2}$ のとき，$4ab-a-2b$

(2) $p=-\dfrac{5}{2}$, $q=\dfrac{1}{3}$ のとき，$-p^2+\dfrac{1}{q}$

(3) $x=\dfrac{1}{3}$, $y=-\dfrac{1}{2}$, $z=-\dfrac{3}{4}$ のとき，$xyz-\dfrac{z}{y}+y^2z$

16. 次の文字式のうち，$a=-\dfrac{3}{4}$ のとき，その式の値が最も大きくなるものは
どれか。また，最も小さくなるものはどれか。

$$2a, \quad a, \quad a^2, \quad \dfrac{1}{a^2}, \quad \dfrac{1}{a}, \quad -a^2, \quad -a, \quad -\dfrac{1}{a}, \quad -\dfrac{1}{a^2}, \quad -2a$$

3 … 文字式の計算

1 **項と係数**

文字式を和の形で表したとき，加法の記号＋で結ばれた１つ１つの部分を**項**といい，文字をふくむ項で数の部分をその文字の**係数**という。文字をふくまない項を**定数項**という。

（例） $8a-3b+4$ は $8a+(-3b)+4$ であるから，項は $8a$，$-3b$，4 であり，a の係数は 8，b の係数は -3，定数項は 4 である。

2 **同類項**

文字式で文字の部分が同じ項を，**同類項**という。

同類項は，分配法則 $ac+bc=(a+b)c$ を使うと，１つの項にまとめて簡単にすることができる。

（例） $2x+3x=(2+3)x=5x$

3 **１次式の加法・減法**

(1) ０でない数と１つだけの文字の積で表される項を，１次の項という。１次の項だけの式や，１次の項と定数項の和で表される式を，**１次式**という。

（例） $3x-2$ は x の１次式であり，１次の項は $3x$，定数項は -2

(2) １次式の加法・減法は，１次の項の係数の和・差を求めて，それを１次の項の係数とし，定数項の和・差を求めて，それを定数項とする。

（例） $(2x-3)+(-3x+5)=\{2+(-3)\}x+(-3+5)=-x+2$

$(2x-3)-(-3x+5)=\{2-(-3)\}x+(-3-5)=5x-8$

4 **数と１次式の乗法**

分配法則 $a(b+c)=ab+ac$ を使って計算する。

（例） $2(3x-2)=6x-4$ $\qquad$ $-3(-2x+1)=6x-3$

5 **かっこのはずし方**

(1) かっこの前の符号が＋のときは，かっこ内の各項の符号をそのままにしてかっこをはずす。

(2) かっこの前の符号が－のときは，かっこ内の各項の符号を変えてかっこをはずす。

（例） $+(2x-1)=2x-1$ $\qquad$ $-(2x-1)=-2x+1$

●基本問題●

17. 次の式の項と係数をいえ。

(1) $2x+3$ (2) $-2x+6$ (3) $x+2y+5$ (4) $3x-y+6$

18. 次の(ア)～(カ)の式のうち，1次式はどれか。

(ア) $3x+4$ (イ) $-0.2x$ (ウ) $3x^2+4$

(エ) $\dfrac{x}{5}-\dfrac{1}{3}$ (オ) $\dfrac{2x+1}{3}$ (カ) $\dfrac{1}{x}+5$

19. 次の計算をせよ。

(1) $3a+4a$ (2) $-2x-3x$ (3) $-0.8a+a$

(4) $x-3-7x$ (5) $4x+3-2x-2$ (6) $-3x+6-2x-3$

20. 次の式のかっこをはずせ。

(1) $3(2x+1)$ (2) $-3(2a-3)$

(3) $-(2x-6)$ (4) $\left(\dfrac{1}{2}x-\dfrac{1}{3}\right)\times(-6)$

(5) $\dfrac{1}{2}(8-2a)$ (6) $-(2x-4)\times1.5$

21. 次の式のかっこをはずせ。

(1) $(10x-4)\div2$ (2) $(4a-12)\div(-4)$

(3) $(5y-4)\div(-10)$ (4) $(-2x+1)\div\dfrac{1}{5}$

●**例題4**● 次の左の式に右の式を加えよ。また，左の式から右の式をひけ。
$$3x-5,\quad -2x+7$$

解説 式を加えたり，ひいたりするときは，まずそれぞれの式にかっこをつけ，加減の記号＋，－でつなぐ。つぎにかっこをはずし，同類項をまとめて簡単にする。
　　また，別解のような縦書きの方法もある。

解答 $(3x-5)+(-2x+7)=3x-5-2x+7=3x-2x-5+7=x+2$
　　　$(3x-5)-(-2x+7)=3x-5+2x-7=3x+2x-5-7=5x-12$

　　　　　　　　　　　　　　　　　　　　　（答）　和 $x+2$，差 $5x-12$

別解
$$
\begin{array}{r}
3x-5 \\
+)\ -2x+7 \\
\hline
x+2
\end{array}
$$ ………(答)
$$
\begin{array}{r}
3x-\ 5 \\
-)\ -2x+\ 7 \\
\hline
5x-12
\end{array}
$$ ………(答)

演習問題

22. 次の左の式に右の式を加えよ。また，左の式から右の式をひけ。

(1) $5x+3$, $2x-1$　　　　　(2) $3x-2$, $-5x-3$

(3) $-4a+1$, $3a+5$　　　　　(4) $x-5$, $7-3x$

23. 次の計算をせよ。

(1) $\quad 3x+2$　　(2) $\quad 4a-2$　　(3) $\quad 3x-5$　　(4) $\quad -a-3$
　$+)\ 4x-1$　　　$+)\ -2a-3$　　　$+)\ -x+2$　　　$+)\ -3a+2$

(5) $\quad 3x+2$　　(6) $\quad 4a-2$　　(7) $\quad 3x-5$　　(8) $\quad -a-3$
　$-)\ 4x-1$　　　$-)\ -2a-3$　　　$-)\ -x+2$　　　$-)\ -3a+2$

24. 次の問いに答えよ。

(1) $-2x+3$ にどのような式を加えると $5x+1$ になるか。

(2) $8a+3$ からどのような式をひくと $10a-1$ になるか。

●**例題5**●　次の計算をせよ。

(1) $4(a-7)-3(2a-1)$

(2) $(12x+8)\div4+(6x-9)\times\left(-\dfrac{2}{3}\right)$

(3) $-2\{x-3(x-2)-4\}$

解説 かっこをはずし，同類項をまとめて簡単にする。(2)の除法は乗法になおす。

解答 (1) $4(a-7)-3(2a-1)=4a-28-6a+3$
$$=4a-6a-28+3$$
$$=-2a-25 \cdots\cdots(答)$$

(2) $(12x+8)\div4+(6x-9)\times\left(-\dfrac{2}{3}\right)=(12x+8)\times\dfrac{1}{4}+(6x-9)\times\left(-\dfrac{2}{3}\right)$
$$=3x+2-4x+6$$
$$=-x+8 \cdots\cdots(答)$$

(3) $-2\{x-3(x-2)-4\}=-2(x-3x+6-4)$
$$=-2(-2x+2)$$
$$=4x-4 \cdots\cdots(答)$$

参考 (3)で，$-2\{x-3(x-2)-4\}=-2x+6(x-2)+8$ のように，外側のかっこから
はずしてもよい。

演習問題

25. 次の計算をせよ。

(1) $8a-9-2a+3$

(2) $a-2+0.4-0.6a$

(3) $x+1-(2x-3)$

(4) $(x-3)-(-2x+5)$

(5) $\left(x+\dfrac{2}{3}\right)-\left(\dfrac{2}{3}x+1\right)$

(6) $\left(\dfrac{3}{4}a-\dfrac{1}{2}\right)-\left(\dfrac{2}{3}a-\dfrac{3}{4}\right)$

26. 次の計算をせよ。

(1) $5(2a-1)+3(3a+4)$

(2) $2(2x-3)-4(3x+1)$

(3) $2(y-3)-3(-2y+1)$

(4) $-(3x-5)-3(2x+1)$

(5) $3(m+9)-6(7-5m)$

(6) $-0.3(4b-2)-5(0.7-0.3b)$

(7) $(9x-6)\div3-(8x-4)\div2$

(8) $(8x-4)\div4-(4x-6)\times\left(-\dfrac{1}{2}\right)$

27. 次の計算をせよ。

(1) $x-\{2-(3x+2)\}$

(2) $5a-\{2a-(1-6a)\}$

(3) $10\left(\dfrac{3}{5}y-\dfrac{1}{2}\right)-2(y+3)$

(4) $6\left(\dfrac{1}{2}x+\dfrac{1}{3}\right)-8\left(\dfrac{1}{4}x-\dfrac{1}{2}\right)$

(5) $3(x+2)+4(x-1)-5(x+3)$

(6) $-2(x+2)-4(4-x)+3(x+1)$

(7) $4\left(\dfrac{1}{3}x-\dfrac{1}{2}\right)-3\left(\dfrac{1}{4}x-\dfrac{1}{6}\right)$

(8) $\dfrac{1}{3}x+\dfrac{1}{4}-\left\{\dfrac{1}{2}x-\left(\dfrac{1}{3}x-1\right)\right\}$

●**例題6**● 次の計算をせよ。

(1) $\dfrac{-2x+5}{2}\times(-6)$

(2) $\dfrac{1}{2}(x-1)-\dfrac{1}{3}(2x-6)$

(3) $\dfrac{5x+1}{2}-\dfrac{6x-1}{4}$

解説 (1) $\dfrac{-2x+5}{\overset{}{2}}\times(-\overset{-3}{6})=(-2x+5)\times(-3)$ のように，先に約分する。

(2) 分配法則を使って $\dfrac{1}{2}x-\dfrac{1}{2}-\dfrac{2}{3}x+\dfrac{6}{3}$ として同類項をまとめる。

(3) $\dfrac{1}{2}(5x+1)-\dfrac{1}{4}(6x-1)$ として(2)と同様に計算してもよいが，

$\dfrac{2(5x+1)}{4}-\dfrac{6x-1}{4}=\dfrac{2(5x+1)-(6x-1)}{4}$ と通分してから分子を計算する。

解答 (1) $\dfrac{-2x+5}{2}\times(-6)=(-2x+5)\times(-3)=6x-15$ ………(答)

(2) $\dfrac{1}{2}(x-1)-\dfrac{1}{3}(2x-6)$ ｝ かっこを はずす

$=\dfrac{1}{2}x-\dfrac{1}{2}-\dfrac{2}{3}x+\dfrac{6}{3}$

$=\dfrac{3}{6}x-\dfrac{4}{6}x-\dfrac{1}{2}+2$

$=-\dfrac{1}{6}x+\dfrac{3}{2}$ ………(答)

(3) $\dfrac{5x+1}{2}-\dfrac{6x-1}{4}$ ｝ 分母を通分する

$=\dfrac{2(5x+1)}{4}-\dfrac{6x-1}{4}$ ｝ かっこをつけて 分子をまとめる

$=\dfrac{2(5x+1)-(6x-1)}{4}$

$=\dfrac{10x+2-6x+1}{4}=\dfrac{4x+3}{4}$ ………(答)

注 (1)で，$\dfrac{-\cancel{2}x+\boxed{5}}{\cancel{2}}\times(-6)=(-x+\boxed{5})\times(-6)$ とするまちがいが多い。$-2x+5$ の -2 だけでなく 5 も 2 で割らなければならない。

参考 (2)を $\dfrac{x-1}{2}-\dfrac{2x-6}{3}=\dfrac{3(x-1)-2(2x-6)}{6}=\dfrac{3x-3-4x+12}{6}=\dfrac{-x+9}{6}$ としてもよい。

注 (3)で，かっこをつけずに $\dfrac{2(5x+1)-6x-1}{4}$ としてはいけない。かっこをつけて $\dfrac{2(5x+1)-(6x-1)}{4}$ とすること。

注 (3)の答え $\dfrac{4x+3}{4}$ は $\dfrac{1}{4}(4x+3)$ と同じであるから，$x+\dfrac{3}{4}$ と答えてもよい。

演習問題

28. 次の計算をせよ。

(1) $\dfrac{-3x+5}{3}\times(-12)$

(2) $\dfrac{2x-6}{9}\times(-3)^4$

29. 次の計算をせよ。

(1) $\dfrac{1}{2}(5x-3)+\dfrac{1}{3}(x-2)$

(2) $\dfrac{1}{3}(4x-3)-\dfrac{1}{4}(3x-8)$

(3) $\dfrac{5x+4}{6}+\dfrac{2-x}{4}$

(4) $\dfrac{3x+1}{5}-0.5(x+1)$

(5) $2x-\dfrac{x-6}{3}$

(6) $5a-2-\dfrac{3a-1}{3}$

(7) $x+\dfrac{2x-5}{3}-\dfrac{3x+2}{4}$

(8) $\dfrac{3x-7}{8}-\dfrac{2-3x}{4}-x$

(9) $\dfrac{4-5x}{6}-\dfrac{6-7x}{9}$

(10) $\dfrac{x-1}{2}-3x+1-\dfrac{x+2}{6}$

30. 縦 x m，横 30 m の長方形の土地がある。縦の長さを 5 m 長くしたときの面積は，横の長さを 5 m 長くしたときの面積よりどれだけ大きいか。

31. 16 で割った商が a で余りが 11 となる正の整数がある。この数を 4 で割ったときの商を，a を使って表せ。また，余りを求めよ。

●**例題7**● 次の問いに答えよ。
(1) $x = -13$ のとき，次の式の値を求めよ。
$$5(6x-7) - 4(8x-7)$$
(2) $A = -a+1$，$B = 2a-1$，$C = a-2$ のとき，次の式を計算せよ。
$$2A - B - C$$

解説 (1) $x = -13$ をそのまま代入してもよいが，文字式の計算をしてから，$x = -13$ を代入したほうがよい。

(2) A，B，C にそれぞれ a の式を代入して，$2\,\boxed{(-a+1)} - \boxed{(2a-1)} - \boxed{(a-2)}$ を計算する。かっこをつけわすれないように注意する。

解答 (1) $5(6x-7) - 4(8x-7) = 30x - 35 - 32x + 28$
$$= -2x - 7$$ 　　　　文字式の計算

これに $x = -13$ を代入して
（与式）$= -2 \times (-13) - 7$
$$= 19$$ 　　　　　　　　　　　　　　　　　（答） 19

(2) $2A - B - C = 2(-a+1) - (2a-1) - (a-2)$
$$= -2a + 2 - 2a + 1 - a + 2$$
$$= -5a + 5$$ 　　　　　　　　　　　（答） $-5a+5$

注 問題で与えられている式のことを与式という。

演習問題

32. $x = -17$ のとき，次の式の値を求めよ。
(1) $(7x-2) - (8x+3)$ 　　　　(2) $-(2x-1) - (-3x-4)$
(3) $4(3x+2) + 2(-5x+6)$ 　　(4) $3(5x-4) - 4(4x-2)$
(5) $\left(-\dfrac{1}{2}x - \dfrac{8}{3}\right) + \left(\dfrac{1}{3}x - \dfrac{5}{2}\right)$ 　(6) $4\left(\dfrac{2}{9}x - \dfrac{5}{6}\right) - 5\left(\dfrac{1}{6}x - \dfrac{3}{4}\right)$

33. $A = a+2$，$B = -3a-1$，$C = 2a-1$ のとき，次の式を計算せよ。
(1) $A + B + C$ 　　　　(2) $A - B + C$ 　　　　(3) $2A - B - 3C$

4…関係を表す式

---

1 **等式**

　　等号＝を使って，2つの式が等しいことを表した式を**等式**という。

　　等式で，等号の左側の式を**左辺**，右側の式を**右辺**，左辺と右辺を合わせて**両辺**という。

（例）$\underset{\underbrace{\text{左辺}\quad\text{右辺}}_{\text{両辺}}}{5x+8 = 3x-2}$

2 **不等式**

　　不等号＞，＜を使って，一方が他方より大きいこと，または小さいことを表した式を**不等式**という。

　　不等式で，不等号の左側の式を**左辺**，右側の式を**右辺**，左辺と右辺を合わせて**両辺**という。

（例）$\underset{\underbrace{\text{左辺}\quad\text{右辺}}_{\text{両辺}}}{5x+8 > 3x-2}$

3 **不等号≧，≦**

　　不等号≧は「＞または＝」，不等号≦は「＜または＝」の意味である。

　　不等号≧，≦を使った式も不等式という。

　　　（例）　$x≧3$ は，「x は3より大きい，または3に等しい」，

　　　　　すなわち，「x は3以上である」ことを表す。

　　　　　　$x≦5$ は，「x は5より小さい，または5に等しい」，

　　　　　すなわち，「x は5以下である」ことを表す。

　　　　　（「x が5未満である」ことを $x<5$ と表す）

注　数量の間の関係を等式または不等式で表すとき，**単位をそろえる**ことに注意する。

◉**基本問題**◉

34. 次の数量の関係を，等式で表せ。

　(1)　x の4倍から2をひいた数は，y に等しい。

　(2)　a の7割は b に等しい。

　(3)　a の3倍に5を加えた数と，b の2倍に10を加えた数は等しい。

　(4)　1個 x 円のりんごを5個買い，1000円札で払うとおつりは y 円であった。

35. 次の数量の関係を，不等式で表せ。

(1)　x の 3 倍は 5 より大きい。

(2)　x から 4 をひいた数は，-2 より小さい。

(3)　x の 3 倍から 2 をひいた数は，0 以下である。

(4)　a から 3 をひいた数の 2 倍は，4 以上である。

(5)　1 本 a 円の鉛筆を x 本買い，1000 円札で払うとおつりがくる。

(6)　x は y の半分より大きい。

●例題8●　濃度 $a\%$ の食塩水 200 g と濃度 $b\%$ の食塩水 x g を混ぜると，濃度 $c\%$ の食塩水になる。a，b，c，x の関係を等式で表せ。

(解説)　ふくまれる食塩の重さに着目して，混ぜる前の食塩の重さと混ぜたあとの食塩の重さが等しいことから等式をつくる。また，濃度についての等式をつくってもよい。

(解答)　$a\%$ の食塩水 200 g にふくまれる食塩の重さは　$200 \times \dfrac{a}{100} = 2a$（g）………①

$b\%$ の食塩水 x g にふくまれる食塩の重さは　$x \times \dfrac{b}{100} = \dfrac{bx}{100}$（g）………②

$c\%$ の食塩水 $(200+x)$ g にふくまれる食塩の重さは

$$(200+x) \times \dfrac{c}{100} = \dfrac{c(200+x)}{100}\text{（g）} \quad\text{………③}$$

①，②，③より，求める等式は

$$2a + \dfrac{bx}{100} = \dfrac{c(200+x)}{100} \qquad\qquad \text{（答）}\ \ 2a + \dfrac{bx}{100} = \dfrac{c(200+x)}{100}$$

(別解)　$a\%$ の食塩水 200 g にふくまれる食塩の重さは　$200 \times \dfrac{a}{100} = 2a$（g）

$b\%$ の食塩水 x g にふくまれる食塩の重さは　$x \times \dfrac{b}{100} = \dfrac{bx}{100}$（g）

この 2 種類の食塩水を混ぜると，ふくまれる食塩の重さは $\left(2a + \dfrac{bx}{100}\right)$ g，

食塩水の重さは $(200+x)$ g になるから，濃度は $\dfrac{2a + \dfrac{bx}{100}}{200+x} \times 100 = \dfrac{200a + bx}{200+x}$（%）

となる。これが $c\%$ に等しい。

ゆえに，求める等式は　$\dfrac{200a+bx}{200+x} = c$ $\qquad\qquad$ （答）　$\dfrac{200a+bx}{200+x} = c$

(注)　解答と別解では答えが異なる形をしているが，等式の性質を使うと，同じ式にすることができる。（→3章，p.55）

演習問題

36. 次の数量の関係を，等式で表せ。

(1) 姉と妹がともに x 円ずつもっている。妹が姉に 500 円渡すと，姉の所持金は妹の 2 倍となる。

(2) a を p で割ったときの商が q で，余りが r である。

(3) 現在，父は a 歳，子どもは b 歳である。いまから m 年後に父の年齢は子どもの年齢の n 倍になる。

(4) 濃度 a ％の食塩水 300 g と濃度 b ％の食塩水 500 g を混ぜると，濃度 c ％の食塩水ができる。

●**例題9**● 次の数量の関係を，不等式で表せ。

(1) 幸子さんは A 町から x km 離れた B 町まで買いものに行った。行きは時速 30 km のバスに乗り，帰りは時速 4 km で歩いた。買いものに 40 分かかり，全体で 2 時間以上かかった。

(2) p 個のみかんを，a 人の子どもに x 個ずつ配るとみかんは余り，さらに 1 人に 1 個ずつ追加して配るとたりなくなる。

(解説) (1) 単位をそろえて，(時間)$=\dfrac{(道のり)}{(速さ)}$ の関係を使う。

(2) 問題文に 2 つの関係があることに着目する。余りや不足の関係を不等式で表す。

(解答) (1) 行きにかかった時間は $\dfrac{x}{30}$ 時間，帰りにかかった時間は $\dfrac{x}{4}$ 時間，買いものにかかった時間は $\dfrac{40}{60}=\dfrac{2}{3}$ （時間）であるから

$$\dfrac{x}{30}+\dfrac{x}{4}+\dfrac{2}{3}\geqq 2 \qquad （答）\quad \dfrac{x}{30}+\dfrac{x}{4}+\dfrac{2}{3}\geqq 2$$

(2) 1 人に x 個ずつ配るとみかんは全部で ax 個になり，1 人に $(x+1)$ 個ずつ配ると全部で $a(x+1)$ 個となるから

$$ax<p<a(x+1) \qquad （答）\quad ax<p<a(x+1)$$

注 (2)で，$ax<p<a(x+1)$ は，「$ax<p$ と $p<a(x+1)$ がともに成り立つ」という意味である。$\begin{cases} ax<p \\ p<a(x+1) \end{cases}$ と書いてもよい。

注 (2)で，みかんの個数 p は整数であるから，「p は ax より大きい」は「p は $ax+1$ 以上である」と同じことである。したがって，答えを $ax+1\leqq p<a(x+1)$ としてもよい。同様に，$ax<p\leqq a(x+1)-1$，$ax+1\leqq p\leqq a(x+1)-1$ としてもよい。

演習問題

37. 次の数量の関係を，不等式で表せ。

(1) 50 円玉 x 枚と 100 円玉 y 枚の合計金額は，2000 円未満である。

(2) s km の道のりを，はじめの 5km は時速 a km で，残りは時速 b km で行くと，3 時間以内で行くことができる。

(3) ある数 x の小数第 1 位を四捨五入すると 26 になった。

(4) 原価 a 円の品物の定価を b 円とすると，定価の c 割引きで売っても利益がある。

(5) a 個のりんごを x 人で分けるとき，1 人に b 個ずつ配ると余り，10 人には c 個ずつ，残りの人には d 個ずつ配るとたりなくなる。

38. 次の数量の関係を，等式または不等式で表せ。

(1) 長さ a m のひもから長さ 30cm のひもを x 本切り取ったところ，ちょうど b cm 残った。

(2) 現在，母は a 歳，子どもは b 歳である。いまから 10 年後の母の年齢は子どもの年齢の 2 倍より少ない。

(3) 濃度 15% の食塩水 x g に水を y g 加えたら，濃度 a % の食塩水になった。

(4) 山に登るのに，x km の上りの道を時速 3km で，上りより 6km 長い下りの道を時速 5km で歩き，全体で 6 時間 20 分かかった。

(5) 太郎さんと次郎さんの 2 人は，P 町から s km 離れた Q 町に向かって同時に出発した。太郎さんは時速 a km で歩き，次郎さんは P 町から 2km までを時速 b km で，残りを時速 c km で歩いたら，太郎さんのほうが次郎さんより早く着いた。

(6) 箱が x 箱ある。全部で a 本のジュースを 1 箱に b 本ずつ入れると，箱にはいらないジュースが 20 本以上あった。さらに 1 箱に 1 本ずつ追加して入れようとすると，ジュースがたりなくなった。

39. あるクラスの生徒に 5 点満点のテストを行ったところ，得点と人数は右の表のようになった。

得点（点）	0	1	2	3	4	5
人数（人）	0	3	a	b	c	d

(1) 中央値が 3.5 点であるとき，a, b, c, d の関係を等式で表せ。

(2) 平均点が 3.5 点未満であるとき，a, b, c, d の関係を不等式で表せ。

2章の問題

① 次の等式はつねに正しいか。正しくないものについては右辺をなおせ。

(1) $3a - a = 3$

(2) $a \div b \times c = \dfrac{a}{bc}$

(3) $a + a + a + a = a^4$

(4) $a \times a \times a \times a = 4a$

(5) $2x + 3x = 5x$

(6) $(-2a)^3 = -6a^3$

② 次の数量を，文字式で表せ。

(1) 30 人のクラスで x 人の生徒が欠席したときの出席率（％）

(2) 周の長さが ℓ cm の長方形で，縦の長さが a cm のときの横の長さ

(3) 濃度 2 ％ の食塩水 x g に，食塩をさらに y g とかしたときの食塩水の濃度

(4) a km 離れた A，B 町間を，行きは時速 $\dfrac{a}{4}$ km で，帰りは時速 $\dfrac{a}{3}$ km で歩いた。このときの往復の平均の速さ

(5) 原価 a 円の品物に 3 割の利益を見込んで定価をつけた。この品物を定価の b 割引きで売るときの値段

③ 次の計算をせよ。

(1) $4x - 7 + 9 - 6x$

(2) $(7a + 5) - (3 - 2a)$

(3) $-3(2x - 3) + 2(7x - 5)$

(4) $4(2x - 5) - 7(x - 7)$

(5) $(3 - 2x) - (9x + 2) - (-8x - 1)$

(6) $9(x - 1) - 7(2x - 1) - (5x + 6)$

(7) $4\{2x - (5x - 7)\} + 7\{2x + 1 - (7 + x)\}$

(8) $3\{4x - 2 - (2 - 3x)\} - \{2(3x - 2) - (-4x + 3)\}$

④ 次の計算をせよ。

(1) $0.5x + 3 - 0.75x - 0.4$

(2) $\dfrac{2}{3}x - \dfrac{1}{2} - \dfrac{3}{5}x - \dfrac{1}{3}$

(3) $3\left(\dfrac{1}{2}a + \dfrac{1}{4}\right) - 2\left(\dfrac{1}{3}a + \dfrac{5}{6}\right)$

(4) $\dfrac{5x - 3}{7} - \dfrac{x - 1}{2}$

(5) $\dfrac{3x - 4}{4} - \dfrac{2x - 1}{8}$

(6) $\dfrac{1}{4}(3a - 2) - \dfrac{1}{2}(2a - 3)$

(7) $\dfrac{2x - 1}{4} - \dfrac{x + 3}{6} - \dfrac{x - 4}{3}$

(8) $8\left(\dfrac{a - 3}{2} - \dfrac{3a - 1}{4}\right) - 2(2a - 1)$

5 $x=-3$ のとき，次の式の値を求めよ。

(1) $3(2x-3)-(5x-7)$

(2) $\dfrac{2x-4}{3}-\dfrac{5x-8}{6}$

(3) x^2+6x+8

6 次の式の値を求めよ。

(1) $a=2$，$b=-3$ のとき，a^3-b^3

(2) $x=6$，$y=-3$ のとき，$\dfrac{x}{2}-\dfrac{y}{3}$

(3) $x=\dfrac{1}{2}$，$y=-\dfrac{2}{3}$ のとき，x^2y-xy^2

(4) $a=5$，$b=-4$，$c=2$ のとき，$a^2-2ab+b^2-c^2$

7 $A=4x+3$，$B=-2x+1$，$C=3x-5$ のとき，次の式を計算せよ。

(1) $A+B-C$

(2) $2A-3B+C$

(3) $\dfrac{1}{2}A+\dfrac{1}{3}B-\dfrac{1}{4}C$

8 右の図のように，長さの等しい竹ひ
ごと粘土を使って，立方体を水平方向に
まっすぐつなぎ合わせていく。

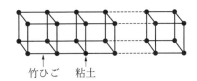

竹ひご　　粘土

(1) 立方体を7個つなぎ合わせたものを
つくるとき，必要な竹ひごの本数と粘
土の個数をそれぞれ求めよ。

(2) 立方体を n 個つなぎ合わせたものをつくるとき，必要な竹ひごの本数と
粘土の個数をそれぞれ求めよ。

9 右の図のように，ピアノでド，レ，ミ，ファ，
ソの5つの音をド，レ，ミ，ファ，ソ，ファ，ミ，
レ，ド，レ，ミ，…とくり返しひく。

(1) n 回目のドをひくのは何番目か。

(2) n 回目のミをひくのは何番目か。

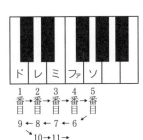

10 次の数量の関係を，等式または不等式で表せ。

(1) 春子さんの所持金 a 円と夏子さんの所持金 b 円の和の $\dfrac{3}{4}$ は，秋子さんの所持金 c 円の 2 倍である。

(2) ある整数 x を 3 倍して 10 を加えた数を 5 で割ると割りきれ，その商は y である。

(3) 十の位の数が a，一の位の数が b の 2 けたの正の整数がある。この整数の十の位の数と一の位の数を入れかえた整数に 20 を加えた整数は，もとの正の整数より小さい。

(4) A 地点から s km 離れた B 地点まで行くのに，途中 a 分休んでも時速 b km で歩くほうが，休まずに時速 4 km で歩くより早く着く。

(5) 1 分間に a 回転する歯数 x の歯車 A に，歯数 50 の歯車 B をかみ合わせたら，歯車 B の 1 分間の回転数は b であった。

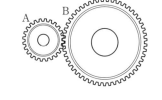

(6) 生徒 x 人がいくつかの長いすにかけるとき，長いす 1 脚に 4 人ずつかけると a 人がかけられなくなり，1 脚に 5 人ずつかけると長いすは b 脚余り，それ以外の長いすにはちょうど 5 人ずつかけている。

(7) 4 個 1 パックでは a 円，ばら売りでは 1 個 b 円のトマトがある。ばら売り 3 個と何パックかで合計 x 個のトマトを買った。持っている硬貨 800 円ではたりず，1000 円札で払うとおつりがきた。

11 次の問いに答えよ。

(1) 積み荷をふくめたトラックの総重量が a トンである。積み荷の $\dfrac{1}{3}$ だけおろすと，総重量は 5 トンになる。トラックだけの重さを a を使って表せ。

(2) 6 で割ったときの商が n で余りが 4 になる整数を，3 で割ったときの商と余りを n を使って表せ。

(3) 自転車で A 地点から B 地点まで行くのに，はじめは時速 a km で 0.3 時間走り，残りを分速 b m で 23 分間走って B 地点に着いた。このとき，AB 間の平均の速さは分速何 m か。a，b を使って表せ。

3章

1次方程式

1…1次方程式とその解き方

1 **方程式とその解**

等号を使って数量の間の関係を表した式を**等式**という。

式の中の文字に，ある値を代入すると成り立つ等式を**方程式**という。また，そのある値を**方程式の解**といい，方程式の解を求めることを**方程式を解く**という。

（例）等式 $4x+3=2x-1$ は，$x=-2$ を解とする方程式である。

$x=2$ と $x=-2$ は，方程式 $x^2-4=0$ の解である。

2 **等式の性質**

等式 $a=b$ があるとき，

(1) $a+c=b+c$　　　　$a-c=b-c$

(2) $ac=bc$　　　　$\dfrac{a}{c}=\dfrac{b}{c}$（ただし，$c\neq0$）

3 **移項**

等式の性質にもとづいて，等式の一方の辺にある項を，その**符号を変えて**他方の辺に移すことを**移項する**という。

$a+b=c$ ならば $a=c-b$ （$+b$ を $-b$ として右辺に移項）

$a-b=c$ ならば $a=c+b$ （$-b$ を $+b$ として右辺に移項）

$a=b+c$ ならば $a-c=b$ （$+c$ を $-c$ として左辺に移項）

$a=b-c$ ならば $a+c=b$ （$-c$ を $+c$ として左辺に移項）

4 **1次方程式**

移項して整理すると，$ax+b=0$（a，b は数，$a\neq0$）の形で表される方程式を，x についての**1次方程式**という。

（例）$2x+1=-x+6$ は $3x-5=0$ となるから，1次方程式である。

⑤　x についての1次方程式の解き方

① 　かっこがあれば，かっこをはずす。

② 　文字 x をふくむ項を左辺に，数の項（定数項）を右辺に移項する。

③ 　両辺をそれぞれ計算して $ax=b$ の形にする。

④ 　両辺を x の係数 a で割って，$x=\dfrac{b}{a}$

⑥　比例式

$\dfrac{a}{b}=\dfrac{c}{d}$ であることを，$a:b=c:d$ と表し，これを**比例式**という。

このとき，$\dfrac{a}{b}$ を $a:b$ の**比の値**という。

$a:b=c:d$ のとき $ad=bc$ が成り立つ。

◯ 基本問題 ◯

1. 次の(ア)〜(エ)の方程式のうち，$x=-3$ が解であるものはどれか。

(ア)　$3x=-9$　　　　　　　　(イ)　$-x+2=-5$

(ウ)　$2x+4=-3x-7$　　　　 (エ)　$-2x=3x+15$

2. 次の方程式を解け。

(1)　$x+2=3$　　　(2)　$x-4=6$　　　(3)　$x-7=-5$

(4)　$x+6=4$　　　(5)　$x+5=-2$　　　(6)　$x-1=-6$

3. 次の方程式を解け。

(1)　$2x=6$　　　(2)　$-4x=16$　　　(3)　$5x=-35$

(4)　$\dfrac{x}{5}=2$　　　(5)　$-\dfrac{x}{3}=-4$　　　(6)　$\dfrac{2}{3}x=-6$

4. 次の方程式を解け。

(1)　$2x-3=5$　　　　　　　　(2)　$5x+3=18$

(3)　$4x-3=-5$　　　　　　　(4)　$-3x+6=-3$

(5)　$-3a-2=7$　　　　　　　(6)　$-2-t=5$

5. 次の方程式を解け。

(1)　$10x=7x+6$　　　　　　　(2)　$x=10+3x$

(3)　$x+6=-3x-10$　　　　　 (4)　$x-9=3x+1$

(5)　$7-6y=5-4y$　　　　　　(6)　$-7t+12=4-3t$

●**例題1**● 次の方程式を解け。

(1) $x+3(2x-1)=3-4(3-x)$　　　(2) $x-\{6x-2(2-x)\}=-2x-1$

(解説) かっこをはずし，x をふくむ項を左辺に，定数項を右辺に移項して解く。かっこをはずすとき，かっこの前の符号に注意する。

(解答) (1) $\quad x+3(2x-1)=3-4(3-x)$ 〔かっこをはずす（分配法則）〕

$\quad\quad\quad x+6x-3=3-12+4x$ 〔移項する〕

$\quad\quad\quad x+6x-4x=3-12+3$ 〔両辺をそれぞれ計算する〕

$\quad\quad\quad\quad\quad 3x=-6$ 〔両辺を x の係数 3 で割る〕

$\quad\quad\quad\quad\quad\quad x=-2$ ……(答)

(2) $\quad x-\{6x-2(2-x)\}=-2x-1$

$\quad\quad\quad x-(6x-4+2x)=-2x-1$

$\quad\quad\quad x-6x+4-2x=-2x-1$

$\quad\quad\quad x-6x-2x+2x=-1-4$

$\quad\quad\quad\quad\quad\quad -5x=-5$

$\quad\quad\quad\quad\quad\quad\quad x=1$ ………(答)

(注) 答えが正しいかどうかを確かめるためには，求めた解をもとの方程式の左辺，右辺にそれぞれ代入して，等号が成り立つかどうかを調べるとよい。このことを**検算**という。

(1) $x=-2$ のとき，(左辺)$=-2+3\{2\times(-2)-1\}=-2-15=-17$

$\quad\quad\quad\quad\quad$ (右辺)$=3-4\{3-(-2)\}=3-20=-17$

ゆえに，(左辺)=(右辺)となり，答えは正しい。

左辺の値と右辺の値が異なるときは，どこかで計算まちがいをしていることになる。

(参考) かっこをはずしたあとや，かっこの中が計算できるときは，それを計算してから移項してもよい。また，(2)の解答では，左辺のかっこを内側からはずしたが，

$x-6x+2(2-x)=-2x-1$ のように，外側からはずしてもよい。

演習問題

6. 次の方程式を解け。

(1) $6-5(1-x)=11$　　　(2) $3t-7=2-4(t-3)$

(3) $3(x-4)=4(2x-3)-5$　　　(4) $3-2(x+6)=7-(x+1)$

(5) $3(y-6)+4(3-2y)=-6$　　　(6) $4x-5(x-2)=2(3x+1)+5$

7. 次の方程式を解け。

(1) $4-\{2(-x+1)-2x\}=-2$　　　(2) $2x-\{5(x+1)-3x\}=4x-2$

(3) $2(x-9)-3\{3x-2(1-2x)\}=-15x+10$

●**例題2**● 次の方程式を解け。

(1) $0.1(3x-4)+2.8=-2(1.1-1.3x)$

(2) $1+\dfrac{x-3}{2}=x-\dfrac{x-2}{3}$

(**解説**) 係数をなるべく簡単な整数にしてから解く。

(1) 両辺に 10 をかけて，小数を整数にする。

(2) 両辺に分母 2, 3 の最小公倍数 6 をかけて，係数を整数にする。（**分母をはらう**）

(**解答**) (1) $0.1(3x-4)+2.8=-2(1.1-1.3x)$

$\quad 0.3x-0.4+2.8=-2.2+2.6x$ ⎫ 両辺に 10 をかける

$\qquad 3x-4+28=-22+26x$

$\qquad\quad 3x-26x=-22+4-28$

$\qquad\qquad -23x=-46$

$\qquad\qquad\quad x=2$ ………(答)

(2) $\qquad 1+\dfrac{x-3}{2}=x-\dfrac{x-2}{3}$ ⎫ 両辺に 6 をかける

$6\times1+6\times\dfrac{x-3}{2}=6\times x-6\times\dfrac{x-2}{3}$

$\qquad 6+3(x-3)=6x-2(x-2)$

$\qquad 6+3x-9=6x-2x+4$

$\qquad 3x-6x+2x=4-6+9$

$\qquad\qquad -x=7$

$\qquad\qquad\quad x=-7$ ………(答)

(**注**) (1)で，かっこをはずす前に両辺に 10 をかけてもよい。両辺に 10 をかけると，

$\qquad (3x-4)+28=-2(11-13x)$ または，$(3x-4)+28=-20(1.1-1.3x)$

となる。

右辺の $-2(1.1-1.3x)$ に 10 をかけたものは，$-20(11-13x)$ ではない。これは，右辺に 100 をかけたものであるから誤りである。

(**注**) (2)で，分母をはらうとき，かっこをつけないことによる符号や係数の誤りが多い。

$\qquad 6+3\boldsymbol{(x-3)}=6x-2\boldsymbol{(x-2)}$

のように，必ずかっこをつけること。また，

$\qquad \boldsymbol{1}+3(x-3)=\boldsymbol{x}-2(x-2)$

のように，1, x に 6 をかけ忘れることも多いので気をつけること。

(**参考**) (2)で，なれてきたら，2 行目を書かないで，

$\qquad 6+3(x-3)=6x-2(x-2)$

からはじめてもよい。

演習問題

8. 次の方程式を解け。

(1) $2.4x - 3.5 = 1.9 - 1.2x$ (2) $0.7x - 1 = 0.56x + 0.05$

(3) $0.3(4x - 6) = -0.9x + 0.3$ (4) $0.2(0.3x - 0.4) = 0.1$

(5) $0.5(x - 8) - 0.3 = 2(1.3x + 1)$

(6) $4(0.5x - 0.1) - 0.3(2x - 7) = 1 - 0.6(x - 2)$

9. 次の方程式を解け。

(1) $\dfrac{2}{3}x - \dfrac{3}{4} = 2$ (2) $\dfrac{2}{3}x - \dfrac{x}{4} = 5$

(3) $\dfrac{2}{3}x - 1 = \dfrac{1}{6}x + 2$ (4) $5x - \dfrac{1}{2}(8x - 3) = 0$

(5) $3x + \dfrac{1}{2}(x - 3) = 2$ (6) $1 - \dfrac{1}{4}(1 - x) = 3 + x$

10. 次の方程式を解け。

(1) $\dfrac{x+5}{2} + 3 = \dfrac{4x-1}{3}$ (2) $3 - \dfrac{5x-4}{6} = \dfrac{x+2}{2}$

(3) $\dfrac{2x-3}{6} = \dfrac{1}{9}x - 1$ (4) $\dfrac{3(x-1)}{4} = 2 + \dfrac{x-3}{2}$

(5) $\dfrac{7x-2}{3} - \dfrac{3x-1}{4} = -\dfrac{x-5}{12}$ (6) $\dfrac{2}{3}x - \dfrac{2x-10}{5} = \dfrac{1}{10}x$

(7) $x - \dfrac{x-3}{3} = 1 + \dfrac{x-2}{2}$ (8) $\dfrac{2(3-x)}{7} + \dfrac{2x-1}{2} = x - \dfrac{2-x}{4}$

11. 次の方程式を解け。

(1) $2x - 5 = 3(x - 1) + 5$ (2) $4 - 3(a + 2) = 54 + 4a$

(3) $2(t - 2) - 3(2t - 3) = 2$ (4) $3(x + 1) - 2(4x + 1) = 6 - 5(2x - 3)$

(5) $3 - \{2(x + 1) - 6x\} = 5x - 1$ (6) $9x - [6 - \{x - (7x - 4)\}] = 6x - 8$

(7) $3(0.2y + 1) = 2(y - 0.5) + 6$ (8) $0.3(x - 7) = 4(0.2x - 0.3) - 1.4$

12. 次の方程式を解け。

(1) $\dfrac{x}{2} + \dfrac{x}{3} - \dfrac{x}{4} = \dfrac{7}{6}$ (2) $\dfrac{1}{3}(x - 4) = 1 - \dfrac{1}{6}(x + 2)$

(3) $\dfrac{2x+5}{3} = \dfrac{x+5}{4} - 1$ (4) $\dfrac{2x+1}{3} - \dfrac{5x-2}{6} = \dfrac{x}{2} - \dfrac{10-x}{3}$

(5) $\dfrac{x}{2} - \dfrac{1}{6} = \dfrac{3(2x-1)}{4} - \dfrac{x-2}{3}$ (6) $\dfrac{1}{2}x + 5 - 2\left\{x - \left(\dfrac{1}{3}x - 2\right)\right\} = \dfrac{3-5x}{4}$

●**例題3**● $(x+1):(2x-1)=3:4$ のとき, x の値を求めよ。

（**解説**）比 $a:b$ において, a を比の**前項**, b を比の**後項**という。

$a:b=c:d$ のとき, それぞれの比の値が等しいから,

$$\frac{a}{b}=\frac{c}{d}$$

両辺に bd をかけて,

$$\frac{a}{b}\times bd=\frac{c}{d}\times bd$$

$$ad=bc \cdots\cdots①$$

が成り立つ。

比例式 $a:b=c:d$ において, 外側の a と d を**外項**, 内側の b と c を**内項**という。

①より, 比例式において, 外項の積と内項の積は等しいことがわかる。

（**解答**）$(x+1):(2x-1)=3:4$

よって　$4(x+1)=3(2x-1)$

$$4x+4=6x-3$$

$$4x-6x=-3-4$$

$$-2x=-7$$

$$x=\frac{7}{2}$$

（答）　$x=\dfrac{7}{2}$

演習問題

13. 次の x の値を求めよ。

(1) $3x:(x+2)=9:5$ 　　(2) $(x+2):3=(x-1):2$

(3) $(2x-3):(3x-2)=5:6$ 　　(4) $4:(2x+5)=5:(3x+2)$

14. 次の式を満たす x の値が 〔　〕の中に示されているとき, a の値を求めよ。

(1) $ax-4=5x+2$ 〔$x=3$〕

(2) $ax-2(a+2)x+3a+4=0$ 〔$x=-1$〕

(3) $x+5a-2(a-2x)=4$ 〔$x=-\dfrac{2}{5}$〕

(4) $\dfrac{ax-2}{4}-\dfrac{x+a}{3}=1$ 〔$x=6$〕

(5) $\dfrac{x-a}{2}-\dfrac{x-3a}{3}=\dfrac{2}{3}$ 〔$x=-2$〕

(6) $(x+2):(ax+3)=4:3a$ 〔$x=3$〕

2···1次方程式の応用

1 **方程式を利用して文章題を解く手順**
  ① 文章をよく読んで，図や表を使って問題の内容を理解する。「求めるものは何か」「わかっているものは何か」「数量の間の関係は何か」をはっきりさせる。
  ② 求める数量，または求める数量に関係のある数量を，x とする。
  ③ 問題にある数量の間の関係を，x を使って方程式で表す。なお，数量に単位があるときは，単位をそろえる。
  ④ 方程式を解く。
  ⑤ 求めた解が問題に適しているかどうかを確かめて答えとする。これを，解の吟味(ぎんみ)という。
2 **方程式をつくるときの基本的な数量の関係**
  （代金）＝（1個の値段）×（個数）
  （道のり）＝（速さ）×（時間）
  （濃度 a％ の液体 M g にふくまれる物質の重さ）＝$M \times \dfrac{a}{100}$（g）

基本問題

15. 次の問いに答えよ。
(1) ある数 x から 2 をひいた数は，x の 3 倍に 4 を加えた数と等しい。ある数 x を求めよ。
(2) 連続する 3 つの整数の和が 96 である。これら 3 つの数のうち最大の整数を求めよ。
(3) 兄と弟が x 円ずつもっている。兄が弟に 200 円渡すと，兄の所持金は弟の所持金の $\dfrac{4}{5}$ になる。このとき，x の値を求めよ。
(4) 横の長さが縦の長さの 2 倍である長方形がある。この長方形の周の長さが 54 cm のとき，縦の長さを求めよ。
(5) 1 本 70 円の鉛筆と 1 本 120 円のボールペンを合わせて 15 本買ったところ，代金の合計は 1350 円であった。鉛筆とボールペンをそれぞれ何本買ったか。
(6) 現在，父は 47 歳，子どもは 13 歳である。いまから何年後に父の年齢が子どもの年齢の 3 倍になるか。

●**例題4**●　あめを何人かの子どもに分けるのに，1人に3個ずつ分けると5個余り，4個ずつ分けると2個たりなくなる。子どもの人数とあめの個数をそれぞれ求めよ。

(解説)　わからない数量（未知数）が2つある。子どもの人数とあめの個数が未知数である。こういうときは，子どもの人数，あめの個数のどちらかを x とおくとよい。

(解答)　子どもの人数を x 人とする。

1人に3個ずつ分けると5個余るから，あめの個数は $(3x+5)$ 個となり，

1人に4個ずつ分けると2個たりないから，あめの個数は $(4x-2)$ 個となる。

よって　　$3x+5=4x-2$

$$3x-4x=-2-5$$
$$-x=-7$$
$$x=7$$

子どもの人数が7人のとき，あめの個数は $3×7+5=26$（個）となり，これらの値は問題に適する。　　　　　　　　　　　　　　　（答）　子ども7人，あめ26個

(別解)　あめの個数を x 個とする。

1人に3個ずつ分けると5個余るから，子どもの人数は $\dfrac{x-5}{3}$ 人となり，

1人に4個ずつ分けると2個たりないから，子どもの人数は $\dfrac{x+2}{4}$ 人となる。

よって　　　　　　　　　$\dfrac{x-5}{3}=\dfrac{x+2}{4}$

両辺に12をかけて　$4(x-5)=3(x+2)$

$$4x-20=3x+6$$
$$4x-3x=6+20$$
$$x=26$$

あめの個数が26個のとき，子どもの人数は $\dfrac{26-5}{3}=7$（人）となり，これらの値は問題に適する。　　　　　　　　　　　　　（答）　子ども7人，あめ26個

(注)　解答と別解を比べると，子どもの人数を x 人とするほうが方程式はつくりやすく，つくった方程式の係数が分数ではないので解くのも簡単である。

演習問題

16. 幼稚園のもちつき大会で，つくったもちを園児に分けるのに，1人に5個ずつ分けると45個余り，7個ずつ分けると9個たりなくなる。園児の人数と，つくったもちの個数をそれぞれ求めよ。

17. 十の位の数が3である2けたの正の整数がある。この整数の十の位の数と一の位の数を入れかえた整数は，もとの整数より45だけ大きくなる。もとの正の整数を求めよ。

18. 右の図のように，ある月のカレンダーの一部分を囲んだ。囲まれた数の和が110になるのは，中央の数がいくつのときか。

日	月	火	水	木	金	土
					1	2
3	4	5	6	7	8	9
10	11	12	13	14	15	16
17	18	19	20	21	22	23
24	25	26	27	28	29	30

19. ある古紙リサイクル工場では，新聞1kgからちょうど8箱，雑誌1kgからちょうど3箱の割合でティッシュペーパーを製造している。この工場で，新聞と雑誌を合わせて33kg使ってティッシュペーパーを製造したところ，ちょうど164箱できた。このとき，新聞を何kg使ったか。

20. 1個50円，60円，110円の3種類のお菓子を合わせて30個買うのに，110円のお菓子の個数が60円のお菓子の個数の2倍になるように買ったところ，代金の合計は2410円であった。60円のお菓子を何個買ったか。

21. ある学校でいも掘りを行い，全校生徒の $\dfrac{1}{3}$ の生徒が8個ずつ，残りの生徒が3個ずつ収穫した。収穫したいもをすべて集めて，全校生徒に1人4個ずつ分けたところ，64個余った。全校生徒の人数を求めよ。

22. あるグループがバスを1台借りきって，日帰りの旅行に行くことにした。バス1台を借りきる料金として1人3000円ずつ集めると4000円余るが，1人2800円ずつ集めると1600円たりなくなる。

(1) Aさんは，上の条件から，ある数量を x で表して，次のような正しい方程式をつくった。□にあてはまる記号を入れよ。

$$3000x \boxed{(ア)} 4000 = 2800x \boxed{(イ)} 1600$$

(2) Bさんは，Aさんとは別の数量を x で表して，次のような正しい方程式をつくった。この方程式の両辺は，どのような数量を表しているか。

$$\frac{x+4000}{3000} = \frac{x-1600}{2800}$$

(3) このグループの人数を求めよ。

23. 図1のような横の長さが15
cmの長方形の紙がたくさんある。
これらを図2のように，のりしろ
（紙を貼り合わせる部分）の幅を
3cmとして横一列につないだと
ころ，全体の横の長さが135cm
になった。このとき，使った長方
形の紙の枚数を求めよ。

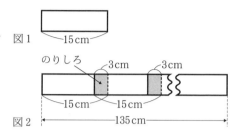

図1

図2

24. 右の表は，A，B，C，D，Eの5
人の生徒の数学の試験の得点と，それ
ぞれの得点からAの得点をひいた差
の一部を表したものである。5人の生
徒の得点の平均点が68点であるとき，
Aの得点を求めよ。

生徒	A	B	C	D	E
得点			89		65
差	0	−11		−19	

25. ある中学校の生徒50人にアンケートをとったところ，サッカーが好きな人
は35人，野球が好きな人は20人であった。また，サッカーも野球も好きな人
の人数は，サッカーも野球も好きではない人の人数の2倍であった。サッカー
が好きで野球が好きではない人の人数を求めよ。

26. サラダ油と酢を8:5の割合で混ぜたドレッシングをつくりたい。いま，
サラダ油が200mL，酢が80mLあり，すべて使い切ってドレッシングをつく
るには，酢を何mL追加すればよいか。

27. AさんとBさんが2人で買いものに行った。AさんとBさんの所持金の
比は5:3だったが，Aさんが買ったものの値段は，Bさんが買ったものの
値段の2倍だったため，残金は2人とも2000円になった。このとき，Aさん
が買いものに使った金額を求めよ。

●**例題5**● A地点から18km離れたB地点まで自転車で行くのに，ちょ
うど予定の時刻に着くように時速12kmで走っていたが，途中のC地点
から時速16kmに変えたために，予定より5分早く着いた。AC間の道の
りを求めよ。

(解説) (時間)＝$\dfrac{(道のり)}{(速さ)}$ の関係を使う。単位

をそろえることに注意する。ここでは時速を
使っているので，分を時間になおして方程式
をつくる。問題の数量の関係を図にかいて考えるとよい。

AC 間の道のりを x km とすると，AC 間にかかった時間は $\dfrac{x}{12}$ 時間，CB 間の道のり

は $(18-x)$ km であるから，CB 間にかかった時間は $\dfrac{18-x}{16}$ 時間である。また，予定し

た時間は $\dfrac{18}{12}$ 時間であるから，実際にかかった時間は $\left(\dfrac{18}{12}-\dfrac{5}{60}\right)$ 時間である。

(解答) AC 間の道のりを x km とすると

$$\frac{x}{12}+\frac{18-x}{16}=\frac{18}{12}-\frac{5}{60}$$

両辺に 48 をかけて

$$4x+3(18-x)=72-4$$
$$4x+54-3x=68$$
$$x=14$$

AB 間の道のりは 18 km であるから，この値は問題に適する。　　　(答)　14 km

演習問題

28. 姉が駅に向かって家を出てから 6 分後に，弟は自転車に乗って姉を追いか
けた。姉の歩く速さを分速 45 m，弟の自転車の速さを分速 180 m とすると，
弟が家を出てから何分後に姉に追いつくか。

29. A 町と B 町の間を自動車で往復するのに，行きは時速 50 km，帰りは時速
40 km で走ったところ，帰りの時間は行きの時間より 36 分多くかかった。行
きにかかった時間を求めよ。

30. 右の図のように，縦の長さが 20 cm，横の長さ
が 30 cm の長方形 ABCD の辺上を移動する 2 点 P，
Q がある。P は頂点 A を出発し，毎秒 2 cm の速さ
で左まわりに移動する。Q は P と同時に頂点 C を
出発し，毎秒 5 cm の速さで左まわりに移動する。
P が Q と 2 回目に重なるのは，出発してから何秒後か。

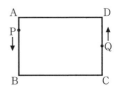

31. S 駅と学校の間の道のりは 9km ある。一郎さんは午前 7 時に自転車で S 駅を出発し，時速 9km で学校に向かう。また，2 台のシャトルバスは午前 7 時に同時にそれぞれ S 駅と学校を出発し，S 駅と学校の間を 一定の速さで何回も往復する。このシャトルバスは S 駅と学校でそれぞれ 5 分間停車し，S 駅を出発したシャトルバスは 35 分後に S 駅にもどってくる。

(1) このシャトルバスの速さは時速何 km か。

(2) 一郎さんが S 駅を出発してから，S 駅行きのシャトルバスにはじめて出会うのは午前何時何分か。

(3) 一郎さんが S 駅を出発してから，うしろから来た学校行きのシャトルバスに 2 度目に追いこされるのは，S 駅から何 km の地点か。

(4) ある日，一郎さんはいつものように午前 7 時に S 駅を出発したが，学校に向かう途中で自転車が故障した。その場で 5 分間修理をしたが直らなかったので，そこから時速 4km で歩いて行き午前 8 時 15 分に学校に到着した。一郎さんは何 km 歩いたか。

32. 縦，横の長さがそれぞれ 6cm，10cm の長方形がある。この長方形の縦の長さを毎秒 $\frac{1}{3}$cm の割合で伸ばし，同時に横の長さを毎秒 $\frac{1}{2}$cm の割合で縮めていく。長方形が正方形になったときの 1 辺の長さを求めよ。

33. 亮さんは毎朝，決まった時刻に家を出て自転車で駅に行く。時速 16km で行くと電車の発車 15 分前に駅に着き，時速 9.6km で行くと発車 15 分後に駅に着く。電車の発車 10 分前に駅に着くためには，時速何 km で行けばよいか。

34. 平坦（へいたん）な道を時速 18km で走る選手が，あるランニングコースで，コースの $\frac{1}{5}$ をしめる上り坂では，平坦な道を走る速さの $\frac{4}{5}$ の速さで走り，コースの $\frac{7}{20}$ をしめる下り坂では，平坦な道を走る速さの $\frac{7}{6}$ の速さで走る。なお，コースの残りの部分は平坦な道である。この選手がコース全体を 20 分で走ったとすると，このランニングコースの全長は何 km か。

35. 真っすぐな線路ぞいの道を時速 6km で歩いている人がいる。この人が 18 分ごとに上りの電車に追いこされ，14 分ごとに下りの電車に出会った。上りも下りも電車は等しい間隔をおいて，一定の速さでたえず運転しているものとして，電車の速さを求めよ。また，電車は何分間隔で運転しているか。

36. 右の図のように，長方形 ABCD と長方形
BEFC がある。点 P は辺 AD 上を秒速 1cm で頂
点 A から D に向かって動き，点 Q は辺 BC 上を
秒速 2cm で頂点 B から C に向かって動き，点 R
は辺 EF 上を秒速 1cm で頂点 E から F に向かっ
て動く。点 Q は点 P が出発してから 1 秒後に，
点 R は点 Q が出発してから 1 秒後に出発する。

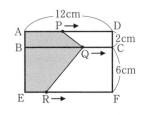

　点 P が頂点 A を出発して 1 秒後から 7 秒後までの間で，五角形 AERQP の
面積が 40cm² になるのは，P が出発してから何秒後か。

●**例題6**● 時計の長針と短針が，4 時と 5 時の間で重なる時刻を求めよ。

（**解説**）時計の問題は，それぞれの針が単位時間あたりに回転する角度を考える。たとえば，
1 時間に長針は 360°，短針は 30° 回転し，1 分間では長針は 6°，短針は $\dfrac{1}{2}°$ 回転する。速
さの問題と同様に，長針や短針の出発する位置と目的の位置を考えて方程式をつくる。

（**解答**）4 時 x 分に長針と短針が重なるとすると，x 分間に長針は $6x°$，短針は $\dfrac{1}{2}x°$ 回転す

るから

$$6x = 120 + \frac{1}{2}x$$
$$12x = 240 + x$$
$$11x = 240$$
$$x = \frac{240}{11} = 21\frac{9}{11}$$

この値は問題に適する。　　　　　　　　　　　　（答）　4 時 $21\dfrac{9}{11}$ 分

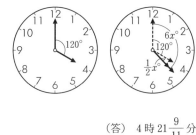

演習問題

37. 12 時ちょうどのつぎに時計の長針と秒針が重なるのは，12 時ちょうどから
何秒後か。

38. 9 時と 10 時の間で，時計の長針と短針のつくる角が 180° になる時刻を求め
よ。

39. 5 時と 6 時の間で，時計の長針と短針のつくる角が 90° になる時刻をすべて
求めよ。

●**例題7**● 濃度 3 % の食塩水が 40 g はいった容器 A と，濃度 4 % の食塩水が 120 g はいった容器 B がある。この 2 つの容器から同じ重さの食塩水をそれぞれ取り出して入れかえたところ，2 つの容器の食塩水の濃度は等しくなった。このとき，取り出した食塩水の重さを求めよ。

解説 濃度 a % の食塩水 M g にふくまれる食塩の重さは $\left(M \times \dfrac{a}{100}\right)$ g である。食塩水にふくまれる食塩の重さに着目して，方程式をつくる。

解答 食塩水を x g 取り出したとする。

入れかえ後の容器 A の食塩水にふくまれる食塩の重さは

$$(40-x) \times \frac{3}{100} + x \times \frac{4}{100} = \frac{120+x}{100} \text{ (g)}$$

入れかえ後の容器 B の食塩水にふくまれる食塩の重さは

$$(120-x) \times \frac{4}{100} + x \times \frac{3}{100} = \frac{480-x}{100} \text{ (g)}$$

2 つの容器の食塩水の濃度は等しいから

$$\frac{120+x}{100} \div 40 \times 100 = \frac{480-x}{100} \div 120 \times 100$$

$$\frac{120+x}{40} = \frac{480-x}{120}$$

両辺に 120 をかけて　$3(120+x) = 480-x$

$$4x = 120$$

$$x = 30$$

取り出した食塩水は 30 g であるから，この値は問題に適する。　　　（答）　30 g

別解 入れかえた結果，濃度が等しくなったのであるから，入れかえ後の濃度は，2 つの容器のすべての食塩水を混ぜた濃度に等しい。すなわち，その濃度は

$$\frac{40 \times \frac{3}{100} + 120 \times \frac{4}{100}}{40 + 120} \times 100 = 3.75 \text{ (%)}$$

入れかえ後の容器 A の食塩水にふくまれる食塩の重さについて方程式をつくると

$$(40-x) \times \frac{3}{100} + x \times \frac{4}{100} = 40 \times \frac{3.75}{100}$$

両辺に 100 をかけて　$120 - 3x + 4x = 150$

$$x = 30$$

この値は問題に適する。　　　（答）　30 g

演習問題

40. 濃度5％の食塩水90gに食塩を何g加えると，濃度10％の食塩水になるか。

41. 濃度9％の食塩水 x kg から4kg を取り除き，残った食塩水に水を加えて x kg にすると濃度7％の食塩水になった。x の値を求めよ。

42. 容器Aに濃度10％の食塩水が300g，容器Bに濃度4％の食塩水が600g はいっている。容器A，Bからそれぞれ食塩水を x g ずつ取り出して入れかえたところ，2つの容器の食塩水の濃度は等しくなった。x の値を求めよ。

43. ある物質を溶かした濃度10％の水溶液がある。この水溶液から水を40g 蒸発させると，濃度20％の水溶液になった。さらに水を20g 蒸発させると，濃度36％の水溶液とわずかな沈でん物が生じた。
(1) はじめの水溶液の重さを求めよ。
(2) 沈でん物の重さを求めよ。

44. 原価1500円の商品に定価をつけて，その定価の10％引きで売っても，まだ原価の8％の利益があるようにしたい。定価をいくらにすればよいか。

45. ある品物を1個200円で120個仕入れた。3個を1セットにし，利益を見込んで1セット定価1100円で売り出したが売れ残った。そこで，残りの商品を定価の2割引きにして売ったところ，すべて売りきれた。利益は，はじめの見込みより5500円少なかった。
(1) 定価ですべて売れていたとすると，利益はいくらであったか。
(2) 定価で売れたセット数を求めよ。

●**例題8**● 現在，母は47歳，子どもは17歳である。母の年齢が子どもの年齢の3倍であるのは，母が何歳のときか。

（解説） いまから x 年後として方程式をつくる。x が負の数のときは，負の意味を考える。または，母が x 歳のときとすると，いまから $(x-47)$ 年後である。

（解答） いまから x 年後に，母の年齢が子どもの年齢の3倍であるとすると

$$47+x=3(17+x)$$
$$47+x=51+3x$$
$$-2x=4 \qquad よって \quad x=-2$$

いまから -2 年後は2年前のことであるから，そのとき母は45歳，子どもは15歳となり，この値は問題に適する。 （答）45歳

別解 母が x 歳のとき，すなわち，いまから $(x-47)$ 年後に，母の年齢が子どもの年齢の3倍であるとすると

$$47+(x-47)=3\{17+(x-47)\}$$
$$x=3x-90$$
$$-2x=-90 \qquad ゆえに \quad x=45$$

この値は問題に適する。 　　　　　　　　　　　　　　　　　　（答）　45歳

演習問題

46. 現在，父と母はそれぞれ 52 歳と 48 歳で，子ども2人は 18 歳と 16 歳である。父母の年齢の和が子ども2人の年齢の和の4倍であるのは，父が何歳のときか。

◉**例題9**◉　弟は家から 2km 離れた駅まで分速 50m で歩いて行った。弟が出発してから 30 分後に，兄は自転車に乗って時速 10km で弟を追いかけた。兄は家から何 km のところで弟に追いつくか。

解説 家から $x$km のところで兄が弟に追いつくとして，方程式をつくる。追いつく地点は家と駅の間であるから，$0<x\leqq2$ であることに注意する。

解答 家から $x$km のところで兄が弟に追いつくとすると，分速 50m は時速 3km であるから

$$\frac{x}{3}=\frac{30}{60}+\frac{x}{10}$$

両辺に 30 をかけて
$$10x=15+3x$$
$$7x=15$$
$$x=\frac{15}{7}=2\frac{1}{7}$$

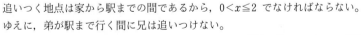

追いつく地点は家から駅までの間であるから，$0<x\leqq2$ でなければならない。
ゆえに，弟が駅まで行く間に兄は追いつけない。

　　　　　　　　　　　　　　　　　　　　（答）　追いつけない（解なし）

演習問題

47. 姉は家から 4km 離れた駅まで分速 60m で歩いて行った。姉が出発してから 50 分たって，弟は自転車に乗って時速 9km で姉を追いかけた。弟は家から何 km のところで姉に追いつくか。

48. 何人かの子どもに，みかんを 6 個ずつ分けると 7 個たりなくなり，4 個ずつ分けると 6 個余った。みかんは全部で何個あるか。

49. 現在，母は 40 歳，子ども 2 人は 11 歳と 3 歳である。母の年齢が子ども 2 人の年齢の和の 6 倍であるのは，母が何歳のときか。

進んだ問題の解法 ||||||||||||||||||||||||||||||||||||||||||||||||||||||||||||||||||||

> ||||| **問題1**　あるバス会社で乗車料金を 25 ％ 値上げした。値上げ後，乗客数は減ったが，収入は値上げ前より 10 ％ 増えた。乗客数は何 ％ 減ったか。

解法　未知数が複数あるが，不要な未知数は計算の途中でなくなり，1 次方程式となる。値上げ後に減った乗客数の割合，値上げ前の乗車料金，乗客数が未知数である。

解答　値上げ前の乗車料金を a 円，乗客数を b 人，値上げ後に乗客数が x ％ 減ったとすると，値上げ後の乗車料金は $\left(1+\dfrac{25}{100}\right)a$ 円，乗客数は $\left(1-\dfrac{x}{100}\right)b$ 人であるから，収入は $\left\{\left(1+\dfrac{25}{100}\right)a\times\left(1-\dfrac{x}{100}\right)b\right\}$ 円である。

また，値上げ後，収入は 10 ％ 増えたから，値上げ後の収入は $\left\{\left(1+\dfrac{10}{100}\right)\times ab\right\}$ 円でもある。

$$\left(1+\frac{25}{100}\right)a\times\left(1-\frac{x}{100}\right)b=\left(1+\frac{10}{100}\right)\times ab$$

両辺を ab で割って 10000 をかけると　$125(100-x)=11000$

これを解いて　$x=12$　　　この値は問題に適する。　　　　　　（答）　12 ％

||||| 進んだ問題 |||||

50. ある品物の定価を値上げしたところ，売り上げ個数は 20 ％ 減少したが，売り上げ金額に増減はなかった。この品物を何 ％ 値上げしたか。

51. ある仕事を完成するのに，兄 1 人ではちょうど 18 日，妹 1 人ではちょうど 30 日かかる。2 人が一緒に働くと，兄は妹を手伝いながら作業をするため，兄の仕事の速さは 10 ％ 遅くなるが，妹は 50 ％ 速くなる。妹が 1 人で x 日働いた後に兄が加わり，ちょうど 14 日間で仕事を完成させた。x の値を求めよ。

52. ある商店では，商品 A を 10％ 値上げし，5 個以上買った客には 5 個につき 1 個を無料で配ることをはじめた。値上げした初日に売った個数と無料で配った個数の合計は，値上げ前日の売り上げ個数より 130 個多く，売り上げ額も 65％ 増えた。また，値上げした初日に無料で配った個数は，売った個数と無料で配った個数の合計の $\dfrac{1}{11}$ であった。値上げ前日の売り上げ個数を求めよ。

進んだ問題の解法 ||||||||||||||||||||||||||||||||||||||||||||||||||||||||||||||

> |||||**問題2** a 円のりんご x 個を b 円の箱につめたとき，代金の合計は c 円であった。このとき，$ax+b=c$ が成り立つ。x を a，b，c を使って表せ。

[解法] x を a，b，c を使って表すのであるから，$ax+b=c$ を x についての方程式と考える。x を求めるとき，a，b，c はわかっている数（**定数**）とみなす。$ax+b=c$ を変形して，$x=$（a，b，c を使った式）を導くことを，***x*** **について解く**という。

[解答] $\qquad\qquad ax+b=c$

b を移項して $\qquad ax=c-b$

両辺を a で割って $\quad x=\dfrac{c-b}{a}$ $\qquad\qquad\qquad$（答）$x=\dfrac{c-b}{a}$

||||||進んだ問題||||||

53. 次の等式を，〔 〕の中に示された文字について解け。

(1) $S=ab$ 〔b〕 $\qquad\qquad$ (2) $\ell=2a+2b$ 〔a〕

(3) $y=-2x+4$ 〔x〕 $\qquad\qquad$ (4) $ax+by=c$ 〔y〕

(5) $V=\dfrac{1}{3}Sh$ 〔h〕 $\qquad\qquad$ (6) $S=\dfrac{(a+b)h}{2}$ 〔b〕

54. 明さんがはじめにもっていた碁石（ごいし）の $\dfrac{1}{4}$ を幸子さんに，幸子さんがはじめにもっていた碁石の $\dfrac{1}{3}$ を明さんに渡すと，明さんの碁石の個数は，幸子さんの碁石の個数の 2 倍になった。明さんのはじめの碁石の個数を a 個，幸子さんのはじめの碁石の個数を b 個とするとき，b を a を使って表せ。

55. x 人のクラスで理科のテストを行い，得点の平均を計算した。ある 1 人の生徒の得点 40 点を誤って 4 点としたため，クラスの平均点が 71 点になった。正しい平均点を a 点とするとき，x を a を使って表せ。

3章の問題

1 次の(ア)～(エ)の方程式のうち, $x=2$ が解であるものはどれか。

(ア) $x-3=1$　　(イ) $3x=6$　　(ウ) $2x+1=5$　　(エ) $2x-3=x$

2 次の方程式を解け。

(1) $3x-5=x+7$

(2) $6x-(2x-5)=11$

(3) $4x-4=8(x+2)$

(4) $3(3x-1)=4(x+3)$

(5) $2(x-3)=4x-(5x+3)$

(6) $4m-(5m-6)-2(m+3)=0$

(7) $3x-2\{x-(3x-5)\}=5x-3$

(8) $4x-1=5-2[5x-\{3x-(1-x)\}]$

3 次の方程式を解け。

(1) $\dfrac{1}{2}x-\dfrac{1}{4}=\dfrac{1}{2}+\dfrac{1}{6}x$

(2) $0.4-0.03x=\dfrac{9}{100}x-\dfrac{16}{5}$

(3) $\dfrac{3}{4}a-2=\dfrac{2}{5}(a-3)$

(4) $\dfrac{x}{3}-\dfrac{4x-3}{5}=2$

(5) $\dfrac{5x+1}{4}-\dfrac{2x+1}{2}=2$

(6) $\dfrac{x+7}{2}-\dfrac{2x-5}{3}=\dfrac{x-1}{9}$

(7) $0.3x-(0.2x-2)=1.2$

(8) $2.4(2x-0.5)-2(3-3.2x)=4$

4 次の方程式が 〔 〕 の中に示された解をもつとき, a の値を求めよ。

(1) $(a-1)x+2=5a-(2a-3)x$　〔$x=4$〕

(2) $\dfrac{x-a}{2}+\dfrac{x+2a}{3}=1$　〔$x=4$〕

5 $(2x+1):(3x-1)=3:4$ のとき, $(2x+a):(3x-a)=4:3$ となるように a の値を定めよ。

6 兄と弟が家から学校まで行くのに, 弟は午前7時に家を出て時速4kmで歩き, 兄は弟より12分遅れて家を出て同じ道を時速6kmで歩き, 2人は同時に学校に着いた。

(1) 兄弟2人が学校に着いた時刻を求めるために, A, B, Cの3人はそれぞれある数量を x として, 次のような方程式をつくった。3人がつくった方程式の x はそれぞれ何を表しているか。

　(A) $\dfrac{x}{4}=\dfrac{x}{6}+\dfrac{1}{5}$　　(B) $4x=6\left(x-\dfrac{1}{5}\right)$　　(C) $4\left(x+\dfrac{1}{5}\right)=6x$

(2) 兄弟2人が学校に着いた時刻は, 午前何時何分か。

(7)　明さんは自分の家から 2.6 km 離れた学校に向かった。自分の家と学校の途中にある実さんの家に 3 分間寄り道をしたので，出発してから学校に着くまでに 34 分かかった。明さんは，実さんの家までは時速 4 km で，実さんの家から学校までは時速 6 km で歩いたとすると，明さんの家から実さんの家までの道のりは何 km か。

(8)　ある中学校の今年の生徒数は，昨年に比べると男子は 10 ％，女子は 5 ％それぞれ増加したので，全体としては 7 ％増加した。昨年の生徒数は 300 人であった。今年の男子，女子の生徒数をそれぞれ求めよ。

(9)　濃度 20 ％の砂糖水 150 g に水を加えて，濃度 6 ％の砂糖水をつくりたい。水を何 g 加えればよいか。

(10)　右の図の 9 つの□の中に，1 から 9 までのすべての整数を書き入れて，縦，横，斜めのどの列の 3 つの数を加えても和が等しくなるようにしたい。

(1)　次の文の □ にあてはまる数を入れよ。

　　1 から 9 までの 9 つの整数を加えると，和は □(ア) になる。したがって，縦，横，斜めのどの列の 3 つの数を加えても，それぞれの和は □(イ) でなければならない。上の図の中央の□の数を x とすると，縦，横，斜めのどの列の 3 つの数の和も □(イ) であるから，方程式 $4 \times$ □(イ) $-$ □(ウ) $\times x =$ □(ア) ができる。これを解くと，$x =$ □(エ) である。

(2)　全部の□をうめたものを 1 つつくれ。

(11)　ある博物館で入館料を値下げしたところ，1 日あたりの入館者数は値下げ前と比べて 20 ％増え，1 日あたりの入館料の総額は値下げ前と比べて 14 ％増えた。入館料を何 ％値下げしたか。

(12)　むかし，インドのある王様が何人かの王子たちにダイヤモンドを分けるとき，「まず，最初の王子は 1 個と残りの $\frac{1}{7}$ を取れ。2 番目の王子は 2 個と残りの $\frac{1}{7}$ を取れ。3 番目の王子は 3 個と残りの $\frac{1}{7}$ を取れ。以下同様にせよ」と命じた。あとで調べたところ，王子たちの取ったダイヤモンドの個数はみな同じであった。ダイヤモンドの総数，王子たちが取ったダイヤモンドの 1 人分の個数，王子の人数をそれぞれ求めよ。

⑬ 川の上流に A 町，その 24km 下流に B 町がある。遊覧船 P は A 町から B 町まで行き，B 町で 1 時間停泊して A 町にもどる。遊覧船 Q は B 町から A 町まで行き，A 町で 1 時間停泊して B 町にもどる。

遊覧船 P，Q は午前 9 時に同時にそれぞれ A 町，B 町を出発し，午前 11 時に A 町の下流 16km の地点で出会う。川の流れの速さを時速 x km とするとき，次の問いに答えよ。ただし，遊覧船 P，Q の静水時での速さはそれぞれ一定で，川の流れの速さも一定である。

(1) 遊覧船 P，Q の静水時での速さを，それぞれ x を使って表せ。

(2) 遊覧船 P と Q が 2 度目に出会うのが午後 4 時 30 分であるとき，x の値を求めよ。

⑭ 空の水そうに，排水管を閉じた状態で給水管から毎分 20L の割合で水を入れはじめ，水そう全体の $\dfrac{7}{12}$ まで水がたまったとき，排水管を開き毎分 12L の割合で水をぬきはじめた。水そうが満水になったとき，給水管からの給水を止め，さらに x 分間排水管から水をぬいていったところ，給水管から水を入れはじめてから 79 分後に水そうが空になった。

(1) 最初に排水管を閉じた状態で水を入れていた時間を，x を使って表せ。

(2) x の値を求めよ。

⑮ 右の表は，次のようなきまりでつくった。まず，(1, 2, 3)，(4, 5, 6)，(7, 8, 9)，… のように，正の整数を 3 つずつ区切る。つぎに，縦 100 行，横 102 列の表の□の中の上から 1 行目，左から 1 列目より (1, 2, 3) を入れ，上から 2 行目，左から 2 列目より (4, 5, 6) を入れ，以下順に下に 1 行，右に 1 列ずつずらして数を入れ，さらに，それらの数のはいっていないところに，0 を入れる。

102列

1	2	3	0	0	0	0	…	0
0	4	5	6	0	0	0	…	0
0	0	7	8	9	0	0	…	0
0	0	0	10	11	12	0	…	0
0	0	0	0	13	14	15	…	0
⋮	⋮	⋮	⋮	⋮	⋮	⋮		⋮
0	0	0	0	0	0	0	…	

100行

(1) 上から 100 行目，左から 102 列目（右下すみ）の数を求めよ。

(2) 上から 21 行目，左から 21 列目の数を求めよ。

(3) $\begin{array}{|c|c|}\hline 4 & 5 \\\hline 0 & 7 \\\hline\end{array}$，$\begin{array}{|c|c|}\hline 8 & 9 \\\hline 10 & 11 \\\hline\end{array}$ のように，縦，横 2 つずつの数を $\begin{array}{|c|c|}\hline & \\\hline & \\\hline\end{array}$ で囲む。囲んだ 4 つの数の和が 194 になるとき，この 4 つの数の組をすべて求めよ。

比例と反比例

4章

1…比例とそのグラフ

1. **変数と変域**

　いろいろな値をとることのできる文字を**変数**といい，変化しない決まっ
た数を**定数**という。変数のとりうる値の範囲を，その変数の**変域**という。
変域は不等号や数直線などを使って表す。

　（例）　変数 x の変域が「-1 以上 3 未満
　　　　である」ことを $-1 \leqq x < 3$ と表す。

2. **関数**

　変数 x の値を決めると，それに対応する変数 y の値がただ 1 つ決ま
るとき，**y は x の関数**であるという。また，y が x の関数であるとき，
x の値 p に対応する y の値を，$x = p$ のときの**関数の値**という。

3. **比例**

　y が x の関数で，変数 x と y の関係が **$y = ax$**（a は定数，$a \neq 0$）と
表されるとき，**y は x に比例する**という。このとき a を**比例定数**という。

4. **座標**

　点 O で直角に交わる 2 つの数直線を考え
るとき，横の数直線を **x 軸**，縦の数直線を
y 軸，x 軸と y 軸を合わせて**座標軸**，座標
軸が交わる点 O を**原点**という。

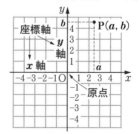

　点 P の位置を表すには，P から x 軸，y
軸にそれぞれ垂線をひき，x 軸，y 軸との
交点に対応する値を a, b とするとき，$P(a, b)$ と書く。

　(a, b) を点 P の**座標**，a を P の **x 座標**，b を P の **y 座標**という。原
点 O の座標は $(0, 0)$ である。

5 **比例 $y=ax$ のグラフ**

(1) 原点を通る直線である。

(2) ① $a>0$ のとき
x の値が増加すると，y の値は
増加する。（右上がり）

② $a<0$ のとき
x の値が増加すると，y の値は
減少する。（右下がり）

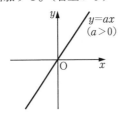

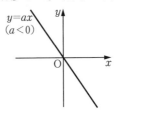

基本問題

1. 次の(1)〜(4)について，変数 x の変域を不等式で表せ。

(1) x は 8 未満である。

(2) x は 2 より大きく 5 より小さい。

(3) x は -1 以上 3 以下である。

(4) x は -6 より大きく正ではない。

2. 次の(ア)〜(キ)のうち，y が x の関数であるものはどれか。

(ア) 1 個 x 円の品物を 10 個買ったときの代金 y 円

(イ) 半径 x cm の円の面積 y cm²

(ウ) 身長 x cm の人の体重 y kg

(エ) 面積 30 cm² の三角形の底辺の長さが x cm のときの高さ y cm

(オ) 1 辺の長さが x cm のひし形の面積 y cm²

(カ) 自然数 x の約数 y

(キ) 自然数 x のすべての約数の和 y

3. 次の(1)〜(5)について，変数 x，y の変域をそれぞれ求めよ。

(1) 長さ 100 cm のひもを x cm 使うと，残りの長さは y cm である。

(2) 縦の長さ x cm，横の長さ y cm の長方形の面積は 20 cm² である。

(3) 縦の長さ x cm，横の長さ y cm の長方形の周の長さは 50 cm である。

(4) 底辺の長さ 12 cm，高さ x cm の三角形の面積は y cm² である。

(5) 15L はいる空の水そうに，毎分 3L の割合で，水をいっぱいになるまで入れる。水を入れはじめてから x 分間にはいる水の量は y L である。

4. 基本問題 3 の(1)〜(5)のうち，x の値が増加すると y の値が増加するものはどれか。また，x の値が増加すると y の値が減少するものはどれか。

5. y は x に比例し，その関係は次の式で表すことができる。このとき，その比例定数を求めよ。

(1) $y=4x$　　　(2) $y=-x$　　　(3) $y=\dfrac{x}{3}$　　　(4) $y=x$

6. 右の図で，点 A，B，C，D，E，F，G の座標を求めよ。

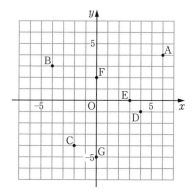

7. 次の点を右の図にかき入れよ。

A$(2, 5)$　　　B$(-2, 3)$

C$(3, -1)$　　　D$(-3, -4)$

E$(-2, 0)$　　　F$(0, 3)$

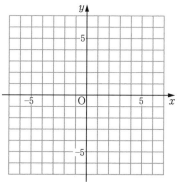

8. 次の比例の式について，それぞれ表を完成し，グラフをかけ。

(1) $y=2x$

x	⋯	-4	-3	-2	-1	0	1	2	3	4	⋯
y	⋯										⋯

(2) $y=-\dfrac{1}{4}x$

x	⋯	-8	-4	-2	-1	0	1	2	4	8	⋯
y	⋯										⋯

●**例題1**● y は x に比例し，$x=12$ のとき $y=-8$ である。

(1) y を x の式で表せ。

(2) $y=-\dfrac{4}{9}$ のときの x の値を求めよ。

(解説) y が x に比例するとき，x と y の関係は $y=ax$（a は定数）……① と表すことが
できる。$x=12$ のとき $y=-8$ であるから，①にこの x，y の値を代入すると a の1次
方程式となり，a の値を求めることができる。(2)は，(1)の答えに $y=-\dfrac{4}{9}$ を代入して，x
の値を求める。

(解答) (1) y は x に比例するから，$y=ax$（a は定数）と表すことができる。

$x=12$，$y=-8$ を代入して

$$-8=a\times12 \qquad a=-\frac{2}{3}$$

ゆえに $y=-\dfrac{2}{3}x$ （答） $y=-\dfrac{2}{3}x$

(2) $y=-\dfrac{2}{3}x$ に $y=-\dfrac{4}{9}$ を代入して $-\dfrac{4}{9}=-\dfrac{2}{3}x$

ゆえに $x=\dfrac{2}{3}$ （答） $x=\dfrac{2}{3}$

(参考) (1) $y=ax$ のとき $\dfrac{y}{x}=a$（変数の商は一定）であるから，$a=\dfrac{-8}{12}=-\dfrac{2}{3}$ と求め
てもよい。

(2) y が x に比例するとき変数 x と y の比は等しいから，$x:\left(-\dfrac{4}{9}\right)=12:(-8)$ とし
て，x の値を求めることもできる。

演習問題

9. y は x に比例し，$x=2$ のとき $y=8$ である。y を x の式で表せ。また，比
例定数を求めよ。

10. y は x に比例し，$x=15$ のとき $y=-12$ である。

(1) y を x の式で表せ。 (2) $x=-35$ のときの y の値を求めよ。

(3) $y=-16$ のときの x の値を求めよ。

11. y は x に比例し，$x=8$ のとき $y=12$ である。$x=-4$ のときの y の値を
求めよ。

●**例題2**● y は x に比例し，そのグラフは点 $(3, -2)$ を通る。x の変域が $-3 \leqq x < 6$ のとき，x と y の関係を表すグラフをかけ。

解説 y は x に比例するから，x と y の関係は $y = ax$（a は定数）と表すことができる。a の値は，グラフが点 $(3, -2)$ を通ることから求めることができる。x の変域に注意してグラフをかく。比例のグラフは原点を通る直線である。

解答 y は x に比例するから，$y = ax$（a は定数）と表すことができる。

　　グラフは点 $(3, -2)$ を通るから，$x = 3$ のとき $y = -2$

　　よって　$-2 = a \times 3$　　　$a = -\dfrac{2}{3}$

　　ゆえに　$y = -\dfrac{2}{3}x$

　　$x = -3$ のとき　$y = -\dfrac{2}{3} \times (-3) = 2$

　　$x = 6$ のとき　$y = -\dfrac{2}{3} \times 6 = -4$

　　$-3 \leqq x < 6$ より，グラフは右の図のようになる。

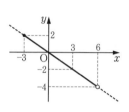

（答）　右の図

注　ここでは，答えの部分を実線で，答え以外の部分を点線で示したが，答えの部分のみを実線で示してもよい。なお，●はその点をふくむことを表し，○はその点をふくまないことを表す。

演習問題

12. 次の比例のグラフをかけ。

　(1)　$y = 3x$　　　　　　　(2)　$y = -\dfrac{1}{2}x$　　　　　　(3)　$y = \dfrac{2}{3}x$

13. 次の比例の式で，x の変域が（　）の中に示された範囲であるとき，そのグラフをかけ。

　(1)　$y = -2x$ $(-1 \leqq x \leqq 3)$　　　　(2)　$y = \dfrac{3}{2}x$ $(-2 \leqq x < 4)$

14. y は x に比例し，そのグラフは点 $\left(-\dfrac{3}{2}, 6\right)$ を通る。

　(1)　y を x の式で表せ。

　(2)　$y = -20$ のときの x の値を求めよ。

15. y は x に比例し，そのグラフは右の図のように
なった。

(1) x の変域を求めよ。

(2) y を x の式で表せ。

(3) y の変域を求めよ。

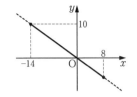

16. 関数 $y=-\dfrac{3}{4}x$ で x の変域が $-4\leqq x<3$ のとき，y の変域を求めよ。

●**例題3**● 　10L はいる空の容器に，毎分 2L の割合でいっぱいになるまで
水を入れる。

(1) x 分間にはいる水の量を yL とするとき，y を x の式で表し，そのグ
ラフをかけ。

(2) 容器の水が 7L になるのは何分後か。

（**解説**）x と y の関係を表す式は $y=2x$ となる。また，$\dfrac{10}{2}=5$（分）で容器が水でいっぱ

いになるから $0\leqq x\leqq 5$ である。したがって，x の変域 $0\leqq x\leqq 5$ の範囲でグラフをかく。

（**解答**）(1) $y=2x$

　　　　　　ただし，x の変域は $0\leqq x\leqq 5$ である。

　　　　　　　　　　　　　　　　　（答）　$y=2x$

　　　　　　　　　　　　　　　　　　　　グラフは右の図

　　　　(2) 容器の水が 7L になるから，$y=2x$ に $y=7$ を代入して

　　　　　　　　$7=2x$

　　　　　　ゆえに　$x=\dfrac{7}{2}$　　　　　　　　　（答）　$\dfrac{7}{2}$ 分後

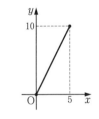

演習問題

17. 縦 3m，横 2m の自動ドアがあり，右の図の
ように秒速 0.5m で開く。ドアが開きはじめてか
ら x 秒後に開いた部分の面積を ym² とする。

(1) y を x の式で表せ。

(2) ドアが開きはじめてから，完全に開くまでの
x，y の変域をそれぞれ求めよ。

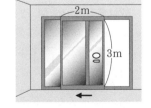

18. AB=4cm， BC=6cm で，∠B=90° の直角三角形 ABC の辺 BC 上を，頂点 B から C まで動く点 P がある。点 P が動いた距離を x cm，△ABP の面積を y cm^2 とする。ただし，$x>0$ とする。

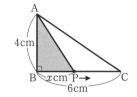

(1) y を x の式で表せ。

(2) x，y の変域をそれぞれ求めよ。

19. 歯数 24 の歯車 A と歯数 42 の歯車 B がかみ合っている。歯車 A が x 回転する間に，歯車 B が y 回転する。ただし，$x>0$ とする。

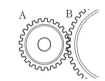

(1) y を x の式で表せ。

(2) x と y の関係を表すグラフをかけ。

20. 同じ重さのくぎがたくさんある。その本数を求めるために 50 本取り出して重さをはかると 120 g であった。

(1) このくぎ x 本の重さを y g とすると，y は x に比例する。比例定数を求めよ。

(2) くぎの重さは全部で 1.8 kg あった。くぎは何本あるか。

21. 厚さが一定の 1 枚の厚紙から，1 辺の長さが 20 cm の正方形を切り取って重さをはかると 20 g であった。

(1) 同じ紙から x cm^2 の図形を切り取ったときの重さを y g とする。y を x の式で表せ。

(2) 右の図のような図形を切り取ったとき，重さが 4 g であった。この図形の面積を求めよ。

||||||進んだ問題||||||

22. 自然数 x の正の約数の個数を y とする。たとえば，2 の約数は 1，2 であり，3 の約数は 1，3 であり，4 の約数は 1，2，4 であるから，2，3，4 の約数の個数はそれぞれ 2 個，2 個，3 個となる。

(1) 次の表の空らんをうめよ。

x	2	3	4	5	6	7	8	9	10	12	16	18	24	27	32	36	72
y	2	2	3														

(2) $y=2$ となるような x はどのような自然数か。

(3) y は x の関数といえるか。　　(4) x は y の関数といえるか。

2 … 反比例とそのグラフ

$\boxed{1}$ **反比例**

　y が x の関数で，変数 x と y の関係が，$\boldsymbol{y=\dfrac{a}{x}}$（$a$ は定数，$a\neq0$）と

表されるとき，$\boldsymbol{y}$ **は** $\boldsymbol{x}$ **に反比例する**という。このとき，a を**比例定数**と

いう。なお，$xy=a$（変数の積は一定）である。

$\boxed{2}$ **反比例** $\boldsymbol{y=\dfrac{a}{x}}$ **のグラフ**

(1) 原点について対称な曲線である。

(2) ① $a>0$ のとき　　　　　　　② $a<0$ のとき

　　　$x>0$ で，x の値が増加すると，　　$x>0$ で，x の値が増加すると，
　　　y の値は減少する。　　　　　　　　y の値は増加する。

　　　$x<0$ で，x の値が増加すると，　　$x<0$ で，x の値が増加すると，
　　　y の値は減少する。　　　　　　　　y の値は増加する。

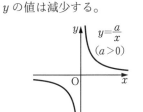 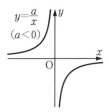

(注) $x=0$ のときの y の値は存在しない。

(注) 上の反比例のグラフの曲線は**双曲線**とよばれる。

●**基本問題**●

23. y は x に反比例し，その関係は次の式で表すことができる。このとき，その比例定数を求めよ。

(1) $y=\dfrac{3}{x}$ 　　　　　(2) $y=-\dfrac{2}{x}$ 　　　　　(3) $y=\dfrac{1}{2x}$

(4) $y=-\dfrac{5}{3x}$

24. 反比例 $y=\dfrac{4}{x}$ について，下の表を完成し，グラフをかけ。

x	$\cdots$	-8	-4	-2	-1	0	1	2	4	8	$\cdots$
y	$\cdots$					✕					$\cdots$

25. 右の図は，反比例のグラフである。このグラフの x と y の関係を表す式は，次の(ア)～(エ)のうちのどれか。

(ア) $y=\dfrac{1}{6}x$ 　　　(イ) $y=-\dfrac{1}{6}x$

(ウ) $y=\dfrac{6}{x}$ 　　　(エ) $y=-\dfrac{6}{x}$

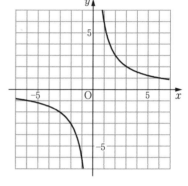

26. x と y の関係が表(ア)～(エ)で表されるとき，次の問いに答えよ。

(1) y が x に比例するものを選び，その比例定数を求めよ。

(2) y が x に反比例するものを選び，その比例定数を求めよ。

(ア)

x	1	2	3	4	5
y	2	3	4	5	6

(イ)

x	1	2	3	4	5
y	1.5	3	4.5	6	7.5

(ウ)

x	1	2	4	5	20
y	20	10	5	4	1

(エ)

x	3	4	5	6	7
y	9	12	15	18	21

●**例題4**● y は x に反比例し，$x=-\dfrac{3}{2}$ のとき $y=\dfrac{4}{9}$ である。

(1) y を x の式で表せ。 　　(2) $x=\dfrac{5}{6}$ のときの y の値を求めよ。

(解説) y が x に反比例するとき，x と y の関係は $y=\dfrac{a}{x}$（a は定数）……① と表すことができる。$x=-\dfrac{3}{2}$ のとき $y=\dfrac{4}{9}$ であるから，①にこの x，y の値を代入すると a の1次方程式となり，a の値を求めることができる。

(解答) (1) y は x に反比例するから，$y=\dfrac{a}{x}$（a は定数）と表すことができる。

$x=-\dfrac{3}{2}$, $y=\dfrac{4}{9}$ を代入して

$$\dfrac{4}{9}=a \div \left(-\dfrac{3}{2}\right) \qquad a=-\dfrac{2}{3}$$

ゆえに $y=\dfrac{-\dfrac{2}{3}}{x}=-\dfrac{2}{3x}$ 　　　　　　　　　　（答）$y=-\dfrac{2}{3x}$

(2) $y=-\dfrac{2}{3x}$ に $x=\dfrac{5}{6}$ を代入して

$$y=-\dfrac{2}{3\times\dfrac{5}{6}}=-\dfrac{4}{5}$$ 　　　　　　　　　（答）$y=-\dfrac{4}{5}$

(参考) y が x に反比例するとき，a を比例定数として，$y=\dfrac{a}{x}$ と表されるが，この式の両辺に x をかけると，$xy=a$ ……② となる。比例定数 a を求めるときに②を用いて，$a=-\dfrac{3}{2}\times\dfrac{4}{9}=-\dfrac{2}{3}$ と a の値をすぐに求めてもよい。

演習問題

27. y は x に反比例し，$x=3$ のとき $y=6$ である。y を x の式で表せ。また，比例定数を求めよ。

28. y は x に反比例し，$x=-6$ のとき $y=5$ である。
(1) y を x の式で表せ。
(2) $x=12$ のときの y の値を求めよ。
(3) $y=-36$ のときの x の値を求めよ。

29. y が x に反比例し，$x=-\dfrac{6}{5}$ のとき $y=-\dfrac{10}{3}$ である。$x=\dfrac{3}{4}$ のときの y の値を求めよ。

30. 下の表の空らんをうめよ。
(1) y は x に比例

x	-9		3	6	12	
y		5		-10		-25

(2) y は x に反比例

x	-8			5	10	30
y		-10	20	8		

31. y は x の関数で，y は x に比例または反比例することがわかっている。下の表は，対応する x，y の値の一部を表したものである。⑦，⑦にあてはまる数を，それぞれ求めよ。

x	…	⑦	…	-4	-3	-2	-1	0	1	2	3	4	5	…
y	…	-1	…	-6	-8	-12	-24	✕	24	12	8	6	⑦	…

32. 次の⑦〜⑦より，y が x に比例するもの，および，y が x に反比例するものを選び，その比例定数を求めよ。

(ア) $y = 2x$　　(イ) $y = -x$　　(ウ) $y = x + 1$　　(エ) $xy = 5$

(オ) $2y - 3x = 0$　　(カ) $y = \dfrac{4}{x}$　　(キ) $\dfrac{y}{x} = -6$　　(ク) $\dfrac{1}{2x} = \dfrac{y}{3}$

●**例題5**● y は x に反比例し，そのグラフは点 $(4, 1)$ を通る。x の変域が $1 < x \leqq 6$ のとき，次の問いに答えよ。

(1) x と y の関係を表すグラフをかけ。

(2) y の変域を求めよ。

解説 y は x に反比例するから，x と y の関係は $y = \dfrac{a}{x}$（a は定数）と表すことができる。a の値は，グラフが点 $(4, 1)$ を通ることから求めることができる。x の変域に注意してグラフをかくと，y の変域も求めることができる。

解答 (1) y は x に反比例するから，$y = \dfrac{a}{x}$（a は定数）と表すことができる。

グラフは点 $(4, 1)$ を通るから
　　　$x = 4$ のとき $y = 1$

よって　$1 = \dfrac{a}{4}$　　$a = 4$　　ゆえに　$y = \dfrac{4}{x}$

$x = 1$ のとき　$y = \dfrac{4}{1} = 4$

$x = 6$ のとき　$y = \dfrac{4}{6} = \dfrac{2}{3}$

$1 < x \leqq 6$ より，グラフは右の図のようになる。

（答）右の図

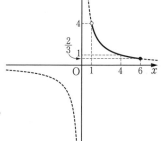

(2) x の変域は $1 < x \leqq 6$ であるから，グラフより，y の変域は　$\dfrac{2}{3} \leqq y < 4$

（答）$\dfrac{2}{3} \leqq y < 4$

演習問題

33. 次の反比例のグラフをかけ。

(1)　$y=\dfrac{1}{x}$

(2)　$y=-\dfrac{2}{x}$

(3)　$y=\dfrac{2}{x}$　$(-4\leqq x<0)$

(4)　$y=-\dfrac{6}{x}$　$(-6<x\leqq -1)$

34. y は x に反比例し，そのグラフは点 $\left(\dfrac{6}{5},\ -\dfrac{4}{3}\right)$ を通る。

(1)　y を x の式で表せ。

(2)　$y=\dfrac{9}{10}$ のときの x の値を求めよ。

35. y は x に反比例し，そのグラフは右の図のようになった。

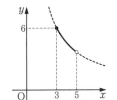

(1)　x の変域を求めよ。

(2)　y を x の式で表せ。

(3)　y の変域を求めよ。

36. 関数 $y=\dfrac{8}{x}$ で x の変域が $1\leqq x\leqq 4$ のとき，y の変域を求めよ。

37. $y=\dfrac{a}{x}$（a は定数）について，x の変域が $2\leqq x\leqq 6$ のとき，y の変域は $\dfrac{4}{3}\leqq y\leqq b$ である。$a,\ b$ の値を求めよ。

38. 次の(1)〜(4)の式で表されるグラフは，右の図の⑦〜⑨のどれか。

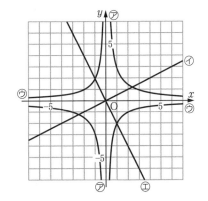

(1)　$y=\dfrac{1}{2}x$

(2)　$y=-2x$

(3)　$y=\dfrac{3}{x}$

(4)　$xy=-2$

39. 右の図の(1), (2)は，比例または反比例のグラフである。それぞれのグラフについて，y を x の式で表せ。

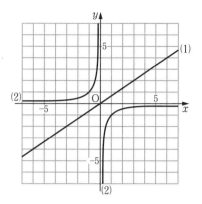

40. 右の図で，⑦は $x \geqq 0$ の範囲における比例のグラフ，⑦は $x > 0$ の範囲における反比例のグラフである。

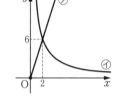

(1) ⑦，⑦のグラフについて，それぞれ y を x の式で表せ。

(2) ⑦のグラフで，x の変域が $1 \leqq x \leqq p$ のとき，y の変域は $3 \leqq y \leqq q$ である。p，q の値を求めよ。

41. 右の図は反比例のグラフで，点 $A\left(\dfrac{3}{2},\ 16\right)$ はこのグラフ上にある。

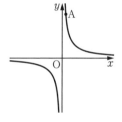

(1) 比例定数を求めよ。

(2) このグラフ上の点 $(x,\ y)$ で，x 座標，y 座標がともに整数であるものは何個あるか。

42. 次のことがらについて，y を x の式で表せ。また，y が x に比例するもの，および y が x に反比例するものを選び，その比例定数を求めよ。

(1) 1個70円の品物を x 個買ったときの代金は y 円である。

(2) 正方形の1辺の長さを x cm とすると，その面積は y cm² になる。

(3) 濃度8％の食塩水 x g にふくまれる食塩の重さは y g である。

(4) 面積が 50 cm² である長方形の縦の長さを x cm とすると，横の長さは y cm である。

(5) x 円の買いものをして1000円札1枚を出したときのおつりは y 円である。

(6) てこの支点から右に4cmのところに30gのおもりをつけ，支点から左に x cm のところに y g のおもりをつけるとつり合う。

43. 次のことがらについて，y を x の式で表せ。また，そのグラフをかけ。

(1) A 町から 10km 離れた B 町に向かって時速 4km で歩くとき，A 町を出発してから x 時間に歩いた道のりは y km である。

(2) 底面積が x cm^2，高さが y cm の直方体の体積は 6 cm^3 である。

(3) A 町から 15km 離れた B 町に向かって時速 x km で行くと，y 時間かかる。ただし，$1 \leqq x \leqq 12$ とする。

44. 花だんに，チューリップの球根 120 個を何列かに植えたい。どの列にも同じ数の球根を植える。列の数を x 列，1 列に植える球根の個数を y 個として，次の問いに答えよ。

(1) y を x の式で表せ。

(2) x の変域が $10 \leqq x \leqq 20$ であるとき，(x, y) の組をすべて求めよ。

進んだ問題の解法

|||||**問題1**　$y-1$ は $x+2$ に反比例し，$x=3$ のとき $y=-2$ である。

(1) y を x の式で表せ。

(2) $x=1$ のときの y の値を求めよ。

解法　○が△に反比例するとき，△と○の関係は $○=\dfrac{a}{△}$（a は定数）と表すことができる。$y-1$ が $x+2$ に反比例するから，○のところに $y-1$，△のところに $x+2$ を入れる。よって，$y-1=\dfrac{a}{x+2}$ ……① と表すことができる。$x=3$ のとき $y=-2$ であるから，①にこの x, y の値を代入して a の値を求める。

解答　(1) $y-1$ は $x+2$ に反比例するから，$y-1=\dfrac{a}{x+2}$（a は定数）と表すことができる。

$x=3$ のとき $y=-2$ であるから

$$-2-1=\frac{a}{3+2} \qquad -3=\frac{a}{5} \qquad a=-15$$

よって　$y-1=\dfrac{-15}{x+2}$

ゆえに　$y=-\dfrac{15}{x+2}+1$ 　　　　　　　　　　（答）$y=-\dfrac{15}{x+2}+1$

(2) $y=-\dfrac{15}{x+2}+1$ に $x=1$ を代入して

$$y=-\frac{15}{1+2}+1=-4$$ 　　　　　　　　　　（答）$y=-4$

注 (1)の $-\dfrac{15}{x+2}+1$ を，次のように変形して通分することができる。

$$-\dfrac{15}{x+2}+1=-\dfrac{15}{x+2}+\dfrac{x+2}{x+2}=\dfrac{-15+(x+2)}{x+2}=\dfrac{x-13}{x+2}$$

このことから，$y=\dfrac{x-13}{x+2}$ を答えとしてもよい。

参考 (2)で $y-1$ が $x+2$ に反比例するとき，$(x+2)(y-1)$ の値は一定となる。このことから，

$$(3+2)\times(-2-1)=(1+2)\times(y-1)$$

としても，y の値を求めることができる。

||||||**進んだ問題**||||||

45. $y+1$ は $x-2$ に比例し，$x=4$ のとき $y=-9$ である。
(1) $x=-10$ のときの y の値を求めよ。
(2) $y=3$ のときの x の値を求めよ。

46. $y-2$ は $2x+3$ に反比例し，$x=-6$ のとき $y=10$ である。$x=3$ のときの y の値を求めよ。

進んだ問題の解法 ||||||||||||||||||||||||||||||||||||||||||||||||||||||||||||||||||||||||||||||||||||||||||||

> ||||||**問題2** y は x に反比例し，z は y に比例する。
> (1) z は x に反比例することを説明せよ。
> (2) $x=2$ のとき $z=8$ である。$x=4$ のときの z の値を求めよ。

解法 x と y の関係，y と z の関係が与えられているとき，x と z の関係を求める問題である。y は x に反比例するから，$y=\dfrac{a}{x}$（a は定数）……①，z は y に比例するから，$z=by$（b は定数）……② と表すことができる。①，②を使って，x と z の関係を表す式（y がふくまれていない式）を求めればよい。

解答 (1) y は x に反比例するから　$y=\dfrac{a}{x}$（a は定数）………①

z は y に比例するから　　$z=by$（b は定数）………②

①を②に代入して　$z=b\times\dfrac{a}{x}$

$$z=\dfrac{ab}{x} \qquad\qquad ………③$$

③で ab は定数であるから，z は x に反比例する。（比例定数は ab）

(2) ③に $x=2$, $z=8$ を代入して

$$8=\frac{ab}{2} \qquad ab=16$$

よって $\qquad z=\frac{16}{x}$

$x=4$ を代入して $z=\frac{16}{4}=4$ （答）$z=4$

注 y は x に反比例することを $y=\frac{a}{x}$（a は定数）と表したとき，z は y に比例すること を同じ文字 a を使って $z=ay$ と表してはいけない。比例定数が等しいとは限らないの で，異なる文字 b を使う。$y=\frac{a}{x}$, $z=by$ は比例定数が等しい場合（$a=b$）もふくんで いる。

‖‖‖進んだ問題‖‖‖

47. y は x に比例し，z は y に比例する。
(1) z は x に比例することを説明せよ。
(2) $x=6$ のとき $z=10$ である。$x=12$ のときの z の値を求めよ。

48. y は，x に比例する数と x に反比例する数の和で表すことができる。また， その比例定数はともに等しく，$x=3$ のとき $y=20$ である。$x=6$ のときの y の値を求めよ。

49. 等式 $a=-\dfrac{kx}{m}$ について，次の □ に比例，反比例，または，あてはま る式を入れよ。ただし，m は 0 でないとする。
(1) k と x を一定にすると，a は ⟨ア⟩ に反比例し，その比例定数は ⟨イ⟩ である。
(2) a と k を一定にすると，m は x に ⟨ウ⟩ し，その比例定数は ⟨エ⟩ で ある。
(3) m と k を一定にすると，x は a に ⟨オ⟩ し，その比例定数は ⟨カ⟩ で ある。

50. $y+a$ は $3-x$ に反比例し，$z+a$ は x に比例する。$x=1$ のとき $y=3$, $x=2$ のとき $y=1$, $x=4$ のとき $z=-3$ である。ただし，a は定数とする。
(1) a の値を求めよ。
(2) $x=-1$ のときの z の値を求めよ。

3…座標と点の移動

1 象限

座標の定められた平面（**座標平面**）は，座標軸によって4つの部分に分けられる。右の図のように，順に**第1象限**，**第2象限**，**第3象限**，**第4象限**という。

なお，座標軸および原点はどの象限にも属さない。

	y	
第2象限 $(-, +)$		第1象限 $(+, +)$
	O	x
第3象限 $(-, -)$		第4象限 $(+, -)$

2 x 軸，y 軸，原点について対称な点

点 $A(a, b)$ と

x 軸について対称な点 B の座標は，$(a, -b)$
y 軸について対称な点 C の座標は，$(-a, b)$
原点について対称な点 D の座標は，$(-a, -b)$

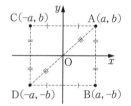

3 点の平行移動

(1) 数直線上の点

点 $A(a)$ $\xrightarrow{\ p \text{ だけ移動}\ }$ 点 $B(a+p)$

（注）数直線上の点 A に対応する数 a を点 A の座標といい，座標が a である点を $A(a)$ と表す。

$p > 0$ のとき
$p < 0$ のとき

(2) 座標平面上の点

点 $A(a, b)$ $\xrightarrow[\text{移動}]{\substack{x \text{ 軸方向に } p \\ y \text{ 軸方向に } q}}$ 点 $B(a+p, b+q)$

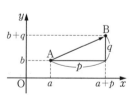

4 中点の座標

2点 $A(a, b)$，$B(c, d)$ を結ぶ線分 AB の中点 M の座標は，

$\left(\dfrac{a+c}{2}, \dfrac{b+d}{2} \right)$ である。

（注）中点については，5章（→p.102）でくわしく学習する。

❖ **数直線上の2点 A(a)，B(b) を結ぶ線分 AB の中点 M** ❖

M は線分 AB の中点であるから

$$AM = MB$$

中点 M の座標を x とすると，$a<b$ のとき

$$x-a=b-x \qquad 2x=a+b \qquad x=\frac{a+b}{2}$$

$a>b$ のときも同様に示すことができる。

ゆえに，中点 M の座標は $\dfrac{a+b}{2}$ となる。

中点 $\mathrm{M}\left(\dfrac{a+b}{2}\right)$

参考　$a<b$ のとき

$$AB=b-a \qquad AM=MB=\frac{b-a}{2}$$

ゆえに，中点 M の座標は $a+\dfrac{b-a}{2}=\dfrac{2a+(b-a)}{2}=\dfrac{a+b}{2}$ と考えてもよい。

❖ **座標平面上の2点 A(a, b)，B(c, d) を結ぶ線分 AB の中点 M** ❖

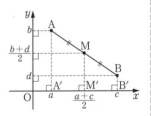

点 A，B，M より x 軸に垂線をひき，x 軸との交点をそれぞれ A′，B′，M′ とすると，M′ は線分 A′B′ の中点である。

点 A′，B′ の x 座標はそれぞれ a, c であるから，中点 M′ の x 座標は $\dfrac{a+c}{2}$ となり，線分 AB の中点 M の x 座標も $\dfrac{a+c}{2}$ となる。

同様に，中点 M の y 座標は $\dfrac{b+d}{2}$ となる。

中点 $\mathrm{M}\left(\dfrac{a+c}{2},\ \dfrac{b+d}{2}\right)$

基本問題

51. 次の点 A〜H は，㋐〜㋘のどの部分にあるか。

A(0, 2)　　　　B(−1, 2)　　　　C(−4, −2)　　　　D(3, 0)

E(3, −4)　　　F(0, −3)　　　　G(0, 0)　　　　　H(2, 6)

㋐ 第1象限　　　　　㋑ 第2象限　　　　　㋒ 第3象限

㋓ 第4象限　　　　　㋔ x 軸の正の部分　　㋕ x 軸の負の部分

㋖ y 軸の正の部分　㋗ y 軸の負の部分　　㋘ 原点

52. 点 A(-2, 3) について，次の問いに答えよ。

(1) x 軸について点 A と対称な点 B の座標を求めよ。

(2) y 軸について点 A と対称な点 C の座標を求めよ。

(3) 原点について点 A と対称な点 D の座標を求めよ。

53. 次の 2 点を結ぶ線分 AB の中点の座標を求めよ。

(1) A(1, 4)，B(5, -2)　　　　(2) A(3, 0)，B(0, -4)

(3) A(-2, -7)，B(6, 5)　　　(4) A(8, -3)，B(-2, -6)

●**例題6**●　　点 A($2a$, 3) を x 軸方向に -7，y 軸方向に $b+1$ だけ移動すると点 B(-5, 6) に重なる。このとき，a，b の値を求めよ。

（**解説**）座標平面で，x 軸方向（符号は正の向きが＋）は左右の方向，y 軸方向（符号は正の向きが＋）は上下の方向である。この例題の場合，点 A を左に 7，上に $b+1$ だけ移動すると点 B に重なる。

（**解答**）x 座標について考えると

$$2a-7=-5$$

ゆえに　$a=1$

y 座標について考えると

$$3+(b+1)=6$$

ゆえに　$b=2$　　　　　　（答）$a=1$，$b=2$

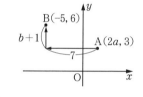

演習問題

54. 点 A(2, -3) を，次のように移動した点の座標を求めよ。

(1) x 軸方向に -6 だけ移動した点 B

(2) y 軸方向に 7 だけ移動した点 C

(3) x 軸方向に 3，y 軸方向に -2 だけ移動した点 D

55. 点 A(-4, -5)，B(3, -4)，C(-4, 3)，D(-4, -3)，E(-5, -4)，F(4, -5)，G(-3, -4)，H(5, 4) について，次の問いに答えよ。

(1) x 軸について対称な点はどれとどれか。

(2) y 軸について対称な点はどれとどれか。

(3) 原点について対称な点はどれとどれか。

56. 次の点 A を，どのように x 軸方向，y 軸方向に移動すると点 B に重なるか。

(1) A(4, 3)，B(-3, 7)　　　　(2) A(-6, -3)，B(4, -5)

57. 2点 A$(a+2, -b+1)$, B$(-3a, 2b)$ がある。

(1) 点 A と B が原点について対称になるとき，a, b の値を求めよ。

(2) 点 A を x 軸方向に 2，y 軸方向に -4 だけ移動すると点 B に重なるとき，a, b の値を求めよ。また，このときの 2 点 A，B の座標を求めよ。

58. 次の x, y の値を求めよ。

(1) 3点 A$(-5, 4)$，B$(x, -2)$，C$(-4, y)$ があり，C は線分 AB の中点である。

(2) 3点 A$(7, -4)$，B(x, y)，C$(5, -1)$ があり，C は線分 AB の中点である。

59. 座標平面上に平行四辺形 ABCD がある。3点 A，B，D の座標がそれぞれ $(-2, 2)$，$(-4, -3)$，$(5, 4)$ であるとき，点 C の座標を求めよ。

60. 右の図のように，2点 A$(1, 2)$，B$(2, 3)$ がある。線分 AB と y 軸について対称な線分 A′B′ を考える。$y=ax$ のグラフが線分 A′B′ と交点をもつとき，a の最大値を求めよ。

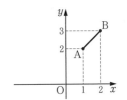

●**例題7**● 3点 A$(-2, 4)$，B$(-3, -2)$，C$(4, 1)$ を頂点とする △ABC の面積を求めよ。ただし，座標軸の 1 めもりを 1cm とする。

(解説) 次の図のように，各頂点を通り座標軸に平行な直線をひいて考える。x 軸に平行な線分の長さは，線分の両端の点の x 座標の差で求められる。y 軸についても同様である。

(解答) 右の図のような長方形をつくる。

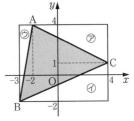

（長方形の面積）$= \{4-(-3)\} \times \{4-(-2)\} = 42$

（⑦の面積）$= \dfrac{1}{2} \times \{4-(-2)\} \times (4-1) = 9$

（⑦の面積）$= \dfrac{1}{2} \times \{4-(-3)\} \times \{1-(-2)\} = \dfrac{21}{2}$

（⑦の面積）$= \dfrac{1}{2} \times \{-2-(-3)\} \times \{4-(-2)\} = 3$

ゆえに　$\triangle \text{ABC} = 42 - 9 - \dfrac{21}{2} - 3 = \dfrac{39}{2}$

（答）$\dfrac{39}{2}$ cm^2

演習問題

61. 3点 A，B，C の座標が次のように与えられているとき，△ABC の面積を求めよ。ただし，座標軸の 1 めもりを 1cm とする。

(1) A$(-1,\ 5)$， B$(-3,\ -1)$， C$(4,\ -1)$

(2) A$(2,\ 2)$， B$(-5,\ 0)$， C$(2,\ -2)$

(3) A$(-1,\ 3)$， B$(2,\ -5)$， C$(4,\ 5)$

62. 右の図のような反比例のグラフ上に 2 点 A，C があり，点 B は x 軸上にある。3 点 A，B，C の x 座標はそれぞれ 3，4，$-\dfrac{1}{2}$ で，△OAB の面積は 12cm² であるとき，点 C の y 座標を求めよ。ただし，座標軸の 1 めもりを 1cm とする。

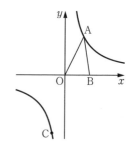

63. 右の図のように，2 点 A$(5,\ 0)$，B$(0,\ 4)$ がある。$y=ax$ のグラフ上に点 P を，△OAP と △OBP の面積の比が 2：3 になるようにとる。このとき，a の値を求めよ。

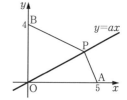

64. 右の図は，$x>0$ の範囲における $y=\dfrac{4}{x}$ のグラフと $x\geqq0$ の範囲における $y=ax$ のグラフである。この 2 つのグラフの交点を A とし，A から x 軸にひいた垂線と x 軸との交点を B とする。ただし，座標軸の 1 めもりを 1cm とする。

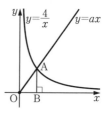

(1) $y=\dfrac{4}{x}$ で x の値を 4 倍すると，y の値は何倍になるか。

(2) 点 A の x 座標が $\dfrac{1}{2}$ のときの a の値を求めよ。

(3) 点 A の x 座標，y 座標がともに整数で，かつ a が整数となる場合は全部で何通りあるか。

(4) 点 A の x 座標が 8 のときと，16 のときの △OAB の面積をそれぞれ求めよ。

進んだ問題の解法

||||**問題3** 右の図のような3点 O(0, 0)，A(a, b)，
B(c, d) を頂点とする △OAB がある。△OAB の
面積を S cm² とするとき，次の問いに答えよ。ただ
し，$a>c$，$d>b$ とし，座標軸の1めもりを1cm
とする。

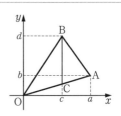

(1) グラフが直線 OA であるとき，x と y の関係を
表す式を求めよ。

(2) 点 B を通り y 軸に平行な直線と辺 OA との交点を C とする。点 C の
y 座標を a, b, c を使って表せ。

(3) $S=\dfrac{1}{2}(ad-bc)$ となることを説明せよ。

解法 (1) グラフが原点を通る直線となるのは，y が x に比例するときで，このとき，$\dfrac{y}{x}$
が比例定数となる。

(2) 点 C の x 座標は c であるから，(1)で求めた式に $x=c$ を代入する。

(3) BC を底辺と考えて，△OBC と △ABC の面積の和を求める。

解答 (1) $\dfrac{y}{x}$ が比例定数となるから

$$\frac{y}{x}=\frac{b}{a}$$

ゆえに $y=\dfrac{b}{a}x$

(答) $y=\dfrac{b}{a}x$

(2) $y=\dfrac{b}{a}x$ に $x=c$ を代入して

$$y=\frac{b}{a}\times c=\frac{bc}{a}$$

これが点 C の y 座標となる。

(答) $\dfrac{bc}{a}$

(3) 点 B の y 座標は点 C の y 座標より大きいから，$BC = d - \dfrac{bc}{a}$

$$\triangle OAB = \triangle OBC + \triangle ABC$$

$$= \frac{1}{2} \times BC \times c + \frac{1}{2} \times BC \times (a-c) = \frac{1}{2} \times BC \times \{c + (a-c)\}$$

$$= \frac{1}{2} \times BC \times a = \frac{1}{2} \times \left(d - \frac{bc}{a}\right) \times a$$

$$= \frac{1}{2}(ad - bc)$$

ゆえに　$S = \dfrac{1}{2}(ad - bc)$

注 一般に，$A(a,\ b)$，$B(c,\ d)$ の位置に関係なく，次の公式が成り立つ。

$$\triangle \mathbf{OAB} = \frac{1}{2}\,|\boldsymbol{ad - bc}|$$

||||| **進んだ問題** |||||

65. 公式 $S = \dfrac{1}{2}|ad - bc|$ を利用して，次の 3 点を頂点とする $\triangle OAB$ の面積を求めよ。ただし，座標軸の 1 めもりを 1cm とする。

(1) $O(0,\ 0)$，　$A(5,\ 3)$，　$B(2,\ 4)$

(2) $O(0,\ 0)$，　$A(4,\ -2)$，　$B(-7,\ 3)$

66. 右の図のように，反比例を表す曲線①と，比例を表す 2 つの直線②，③がそれぞれ点 P，Q で交わっている。点 P の座標は $(3,\ 8)$ で，Q の x 座標は 12である。このとき，三角形 OPQ の面積を求めよ。ただし，座標軸の 1 めもりを 1cm とする。

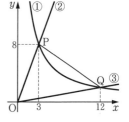

67. 右の図のように，反比例 $y = \dfrac{k}{x}$ $(k > 0)$ のグラフと 7 点 A，B，C，D，P，Q，R がある。
長方形 OARD と長方形 DRPB の面積の比が $3:1$，$OA : OD = 5 : 7$ となるとき，$OA : AC$，$RP : RQ$ を求めよ。ただし，四角形 OCQD は長方形である。

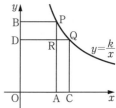

4章の問題

1 次の(1)～(5)について，y を x の式で表せ。また，y が x に比例するもの，および y が x に反比例するものを選び，その比例定数を求めよ。

(1) 縦の長さが 5cm，横の長さが $x$cm の長方形の周の長さは $y$cm である。

(2) 周の長さ $x$cm のひし形の 1 辺の長さは $y$cm である。

(3) 30km 離れた 2 地点間を，時速 $x$km で y 時間かかって往復する。

(4) 歯数 56 の歯車 A と歯数 32 の歯車 B がかみ合っている。このとき，歯車 A の回転数は x，歯車 B の回転数は y である。

(5) 長さ 10m の針金の重さが 300g で，100g あたりの値段が 150 円である。この針金 xm の代金は y 円である。

2 次の(ア)～(オ)のグラフのうち，y が x の関数であるものはどれか。

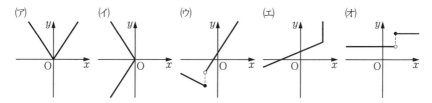

3 次の図で，(ア)，(イ)は比例のグラフ，(ウ)は反比例のグラフである。

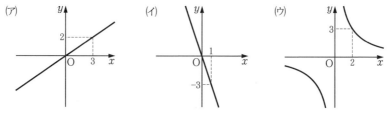

(1) (ア)～(ウ)のグラフについて，それぞれ y を x の式で表せ。

(2) x の値が 1 から 6 まで増加するとき，y の変化した値の絶対値が最も大きいものはどれか。

4 z は，x に比例する数と y に反比例する数の和で表すことができる。また，それぞれの比例定数の和は 7 であり，$x=3$，$y=1$ のとき $z=1$ である。$x=2$，$y=4$ のときの z の値を求めよ。

⑤ 右の表とグラフは,
ある運送会社の宅配便の
料金を表したものである。

(1) 荷物の重量が x kg
のときの料金を y 円
とするとき, y は x の
関数であるといえるか。

重量	料金
2 kg まで	720 円
5 kg まで	930 円
10 kg まで	1130 円
20 kg まで	1340 円

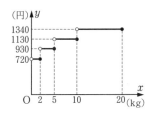

(2) (1)で, x は y の関数であるといえるか。

(3) $y = 930$, 1340 のとき, それぞれの x の値の範囲を不等式で表せ。

⑥ 500 g のおもりをつるすと 4 cm 伸びるばねはかりがある。x g のおもりを
つるしたときのばねの伸びを y cm として, 次の問いに答えよ。ただし, この
ばねはかりは 1 kg までしかはかれない。

(1) 右の表の空らんをうめよ。

(2) y は x に比例する。比例
定数を求めよ。また, この
比例定数は何を表しているか。

x	0	100	200	300	500	800	1000
y	0				4		

(3) y を x の式で表し, x, y の変域をそれぞれ求めよ。

⑦ 点 $(8, -6)$ を通る $y = -\dfrac{3}{4}x$ のグラフがある。

(1) y 軸について点 $(8, -6)$ と対称な点の座標を求めよ。

(2) y 軸について $y = -\dfrac{3}{4}x$ のグラフと対称なグラフの式を求めよ。

⑧ 点 $P(a, b)$ を x 軸方向に -6, y 軸方向に 4 だけ移動した点を Q とする。

(1) 点 P の座標が $(4, 5)$ であるとき, 点 Q の座標を求めよ。

(2) 点 Q が原点に重なるとき, 点 P の座標を求めよ。

⑨ 3 点 $A(2, 4)$, $B(-1, -3)$, $C(3, 0)$ がある。

(1) △ABC の面積を求めよ。ただし, 座標軸の 1 めもりを 1 cm とする。

(2) x 軸について △ABC と対称な △A′B′C′ の頂点の座標を求めよ。

(3) △ABC を x 軸方向に 2, y 軸方向に -3 だけ平行移動してできる
△A″B″C″ の頂点の座標を求めよ。

(4) 線分 AB, AC を 2 辺とする平行四辺形の残りの頂点 D の座標を求めよ。

10 右の図のように，関数 $y=\dfrac{10}{x}$ （$x>0$）のグラフ

上に2点 A，B がある。点 A，B から y 軸に平行な
直線をひき，x 軸との交点をそれぞれ C，D とする。
AC＝5BD，CD＝6 のとき，点 A の x 座標を求めよ。

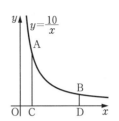

11 y は x に反比例し，$x=2$ のとき $y=t+8$ である。また，$x=8$ のとき
$y=t-1$ である。このとき，t の値を求めよ。

12 右の図で，A，C はそれぞれ比例のグラフ

$y=3x$，$y=\dfrac{1}{2}x$ 上の点であり，四角形 ABCD は正

方形である。点 A の x 座標を a とするとき，2点
B，D の座標を a を使って表せ。

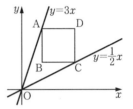

13 右の図のように，4点 A(0, 2)，B(8, 2)，
C(8, 4)，D(0, 4) があり，線分 AB，DC が反比例

のグラフ $y=\dfrac{a}{x}$ とそれぞれ点 P，Q で交わっている。

(1) 2点 P，Q の座標を a を使って表せ。
(2) 四角形 APQD と四角形 PBCQ の面積が等しいと
き，a の値を求めよ。

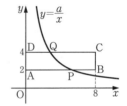

14 右の図で，①は $y=3x$，②は $y=\dfrac{a}{x}$ のグラ

フである。①と②は2点 A，B で交わり，B の x
座標は -2 である。点 P は，はじめに①上を原
点 O から A まで動き，つぎに A から②上を矢印
の向きに動く。点 P から y 軸に垂線 PQ をひき，
点 Q の y 座標を t，△OPQ の面積を S とする。

(1) 点 A の座標を求めよ。
(2) a の値を求めよ。
(3) 点 A の y 座標を b とし，t が次の範囲を動くとき，S を t の式で表せ。

  (i) $0<t\leqq b$ (ii) $t\geqq b$

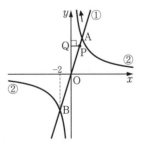

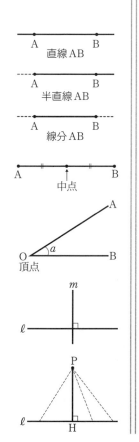

5章

平面図形

1…平面図形の基礎

1 直線・半直線・線分

(1) 2点 A，B を通る直線を**直線 AB** という。

(2) 直線 AB は点 A によって2つの部分に分けられる。このうち点 B をふくむ部分を**半直線 AB** という。

(3) 直線 AB のうち，点 A から点 B までの間と両端をふくめた部分を**線分 AB** といい，その長さを**2点 A，B 間の距離**という。

(4) 線分 AB 上の点で，その両端から等距離にある点を**線分 AB の中点**という。

2 角

定点から出る2つの半直線によってできる図形を**角**といい，その定点を**頂点**という。右の図の角を**∠AOB**（∠BOA，∠O，∠a）と表す。

3 垂直・平行

(1) 2直線 ℓ，m が交わってできる角が直角のとき，直線 ℓ と直線 m は**垂直**である（**直交する**）といい，**$\ell \perp m$** と表す。このとき，ℓ を m の（m を ℓ の）**垂線**という。点 P から直線 ℓ に垂線をひき，ℓ との交点を H とするとき，線分 PH の長さを**点 P と直線 ℓ との距離**という。（線分 PH は点 P と ℓ 上の点を結ぶ線分のうち，その長さが最も短い線分である）

(2) 同じ平面上にある2直線 ℓ, m が交わらないとき，直線 ℓ と直線 m は**平行**であるといい，$\boldsymbol{\ell /\!/ m}$ と表す。このとき，ℓ を m の（m を ℓ の）**平行線**という。点 P を直線 ℓ 上のどこにとっても，点 P と直線 m との距離は一定である。この一定の距離を**平行な2直線 ℓ, m 間の距離**という。

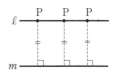

4 角の二等分線・線分の垂直二等分線

(1) $\angle \mathrm{AOP} = \angle \mathrm{BOP}$ となる半直線 OP を **$\angle$AOB の二等分線**という。$\angle$AOB の二等分線上にある点は，半直線 OA，OB から等距離にある。

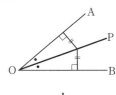

(2) 線分 AB の中点を通り，その線分と垂直に交わる直線を**線分 AB の垂直二等分線**という。線分 AB の垂直二等分線上にある点は，線分 AB の両端から等距離にある。

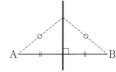

5 円

(1) **円・円周**　平面上で，1点から等距離にある点の集まり（集合）を**円**または**円周**といい，その1点を円の**中心**という。中心と円周上の点を結ぶ線分を円の**半径**という。

中心が O である円を**円 O** と表す。

(2) **弧・弦**　円周上に2点 A，B をとるとき，円周の A から B までの部分を**弧 AB** といい，$\overset{\frown}{\mathrm{AB}}$ で表す。$\overset{\frown}{\mathrm{AB}}$ はふつう短いほうの弧を表す。また，線分 AB を**弦 AB** といい，中心を通る弦を円の**直径**という。

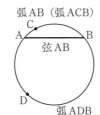

弧 AB（弧 ACB）

弦 AB

弧 ADB

(3) **円の接線**　円と直線が1点だけを共有するとき，円と直線は**接する**といい，この直線を円の**接線**，共有する点を**接点**という。円の接線は接点を通る半径に垂直である。

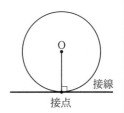

接線

接点

●基本問題●

1. 次の ☐ にあてはまる語句または記号を入れよ。

(1) 直線 AB のうち，点 A から点 B までの部分を ☐ア☐ AB といい，その長さを2点 A，B 間の ☐イ☐ という。

(2) 直線を2つの部分に分けたとき，それぞれの部分を ☐ウ☐ という。

(3) 同じ平面上にある2直線 l，m が交わらないとき，2直線 l，m は ☐エ☐ であるといい，記号を使って ☐オ☐ と表す。

(4) 2直線 l，m が垂直であるとき，一方の直線を他方の直線の ☐カ☐ といい，記号を使って ☐キ☐ と表す。

(5) 平面で，1点から一定の距離にある点の集まり（集合）を ☐ク☐ という。

(6) 円周上の異なる2点を A，B とする。円周のうち，点 A から点 B までの部分を ☐ケ☐ AB といい，記号を使って ☐コ☐ と表す。
　　また，線分 AB を ☐サ☐ AB という。その長さが最大になるのは，線分 AB が円の ☐シ☐ となるときである。

(7) 2点 A，B から等しい距離にある点の集まりは，線分 AB の ☐ス☐ である。

(8) 半直線 OA，OB から等しい距離にある点の集まりは，∠AOB の ☐セ☐ である。

(9) 円 O と1点 A だけを共有する直線 l を円 O の ☐ソ☐ といい，共有する点 A を ☐タ☐ という。このとき，線分 OA と直線 l は ☐チ☐ である。

2. 円周上に異なる4点 A，B，C，D がある。これら4点のうちのどれか2点を通る直線はいくつあるか。

3. 右の図の三角形 ABC で，EM は辺 BC の垂直二等分線で，FM は ∠BME の二等分線である。

(1) 線分 BM の長さを求めよ。

(2) ∠EMF の大きさを求めよ。

(3) 三角形 ABE の周の長さを求めよ。

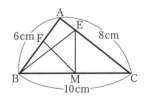

4. 右の図で，点 A は円 O の周上にあり，円 O は直線 l と点 B で接し，点 C は直線 l 上にある。次のそれぞれの場合，∠ABC の大きさを求めよ。

(1) AB＝BC＝CA のとき

(2) 弦 AB が円 O の直径となるとき

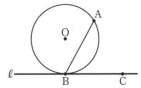

●**例題1**● 線分 AB の中点を M，線分 AM の中点を N とする。
AB＝6cm のとき，線分 BN の長さを求めよ。

(**解説**) 位置関係を図で示し，線分 AM，AN の長さをそれぞれ求める。

(**解答**) M は線分 AB の中点であるから

$$AM=\frac{1}{2}AB=3$$

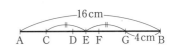

また，N は線分 AM の中点であるから

$$AN=\frac{1}{2}AM=\frac{3}{2}$$

ゆえに　$BN=AB-AN=6-\frac{3}{2}=\frac{9}{2}$ 　　　　(答) $\frac{9}{2}$cm

(**別解**) M は線分 AB の中点であるから

$$MB=\frac{1}{2}AB=3$$

また，N は線分 AM の中点であるから

$$NM=\frac{1}{2}AM=\frac{3}{2}$$

ゆえに　$BN=NM+MB=\frac{3}{2}+3=\frac{9}{2}$ 　　　　(答) $\frac{9}{2}$cm

演習問題

5. 右の図のように，線分 AB 上に 5 点 C，D，
E，F，G がある。3 点 C，D，F は線分 AG
を 4 等分し，E は線分 CG の中点である。
　AB＝16cm，BG＝4cm のとき，線分 AE の長さを求めよ。

6. 線分 AB を点 B のほうへ延長し，その上に点 C をとり，線分 AC の中点を
M，線分 BC の中点を N とする。
　AB＝7cm，BC＝5cm のとき，線分 AM，MN の長さを求めよ。

7. 線分 AB の中点を M とし，線分 MB 上に点 C をとる。また，線分 BA を点
A のほうへ延長し，その上に点 D を，AD＝BC となるようにとる。
　MC＝1cm，DB＝16cm のとき，線分 AC の長さを求めよ。

●**例題2**● 右の図で，O は線分 AB 上の点で，半直線 OP は ∠AOC の二等分線，半直線 OQ は ∠BOC の二等分線である。∠POQ の大きさを求めよ。

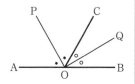

（解説） 半直線 OP，OQ はそれぞれ ∠AOC，∠BOC の二等分線であるから，∠POC，∠COQ の大きさをそれぞれ ∠AOC，∠BOC を使って表す。

また，∠AOB＝180° を利用する。

（解答） 半直線 OP は ∠AOC の二等分線であるから

$$\angle POC = \frac{1}{2} \angle AOC \qquad \cdots\cdots①$$

半直線 OQ は ∠BOC の二等分線であるから

$$\angle COQ = \frac{1}{2} \angle BOC \qquad \cdots\cdots②$$

また　$\angle AOC + \angle BOC = 180°$ ………③

①，②，③より

$$\angle POQ = \angle POC + \angle COQ$$
$$= \frac{1}{2} \angle AOC + \frac{1}{2} \angle BOC$$
$$= \frac{1}{2}(\angle AOC + \angle BOC)$$
$$= \frac{1}{2} \times 180° = 90°$$

（答）　90°

演習問題

8. 右の図で，O は線分 AB 上の点で，半直線 OP は ∠AOC の二等分線である。∠BOC＝40° のとき，∠AOP の大きさを求めよ。

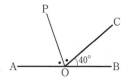

9. 右の図で，半直線 OP は ∠AOB と ∠COD の二等分線である。∠AOB＝114°，∠COD＝66° のとき，∠AOC の大きさを求めよ。

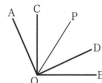

2…対称と移動

① 線対称・点対称

(1) 1つの直線を折り目として折り返したとき，ぴったり重なる図形は**線対称**であるという。このとき，折り目となる直線を**対称軸**という。

注 対称軸を単に軸ともいう。

線対称

(2) ある点を中心に180°回転させると，もとの図形とぴったり重なる図形は**点対称**であるという。このとき，中心となる点を**対称の中心**という。

(3) 三角形や四角形のように，線分だけで囲まれた図形を**多角形**という。すべての辺の長さが等しく，すべての角の大きさが等しい多角形を**正多角形**という。正多角形は線対称な図形である。

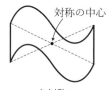

点対称

正三角形

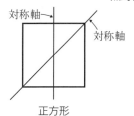

正方形

② 図形の移動

形や大きさを変えずに，ある図形を他の位置へ移すことを**移動**という。すべての移動は，**平行移動，回転移動，対称移動**を組み合わせることによって行うことができる。

(1) **平行移動** 図形を一定の方向に，一定の距離だけ移動すること。

対応する点を結ぶ線分は，すべて平行で長さが等しい。

注 三角形ABCを平行移動して，頂点AをA′に，頂点BをB′に，頂点CをC′に重ねることができるとき，A′をAに**対応する点**という。**対応する辺**や**対応する角**についても同様である。

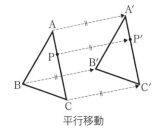

平行移動

(2) **回転移動** ある点を中心に，図形を一定の角度だけ回転させること。この中心を**回転の中心**，一定の角度を**回転角**という。

　　対応する点は，回転の中心から等距離にある。対応する辺のつくる角の大きさは，すべて等しい。とくに，図形を180°回転移動することを**点対称移動**という。このとき，対応する点を結ぶ線分の中点は，回転の中心（対称の中心）と一致する。

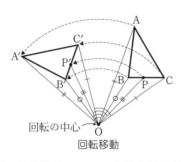

回転移動

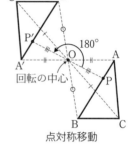

点対称移動

(3) **対称移動** 1つの直線を対称軸として，図形を折り返すように移動すること。

　　対応する点を結ぶ線分は，対称軸によって垂直に2等分され，対応する2直線のつくる角は，対称軸によって2等分される。

ⓘ 対称移動を線対称移動ともいう。

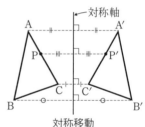

対称移動

③ **合同な図形の性質**

　　移動によってぴったり重ね合わせることができる2つの図形はたがいに**合同である**という。重ね合わせることができる頂点，辺，角をそれぞれ**対応する頂点，対応する辺，対応する角**という。合同な2つの図形には，次の性質がある。

(1) 対応する線分の長さは等しい。

(2) 対応する角の大きさは等しい。

(3) 面積は等しい。

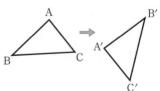

●基本問題●

10. (ア)～(ク)の図形の中から，次のものをすべて答えよ。

(1) 線対称な図形

(2) 点対称な図形

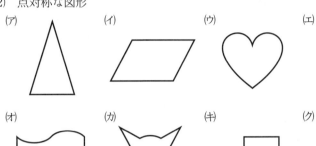

11. 右の図の2つの五角形は合同である。

(1) 辺 IJ と対応する辺を答えよ。

(2) ∠D と対応する角を答えよ。

(3) 辺 GH の長さと ∠E の大きさを求めよ。

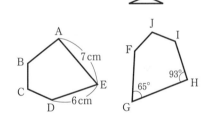

12. 周の長さが等しい正方形と正六角形がある。正六角形の1辺の長さは，正方形の1辺の長さの何倍か。

13. 右の図のように，正三角形 ABC の3辺 BC，CA，AB の中点をそれぞれ D，E，F とする。

次の移動によって，⑦と重ねることができる三角形を，①～④の中からすべて答えよ。

(1) 平行移動

(2) 1回の対称移動

(3) F を中心とする回転移動

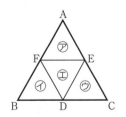

●**例題3**● ひし形は線対称な図形であり，また，点対称な図形でもある。
(1) ひし形の対称軸はいくつあるか。
(2) 右の図のひし形 ABCD に，対称の中心 O をかき入れよ。

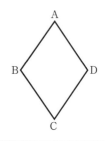

解説 (1) 折り目となる直線を考える。
(2) 対応する頂点を結ぶと，その交点が対称の中心となる。

解答 (1) 点 A と C，点 B と D を通る直線をひく。
直線 AC，BD が対称軸となる。
(答) 2
(2) 線分 AC と BD との交点が対称の中心 O である。
(答) 右の図

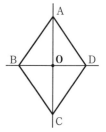

演習問題

14. 次の図は，それぞれ線対称な図形である。対称軸はいくつあるか。また，対称軸をかき入れよ。

(1)

(2)

正五角形

(3)

正六角形

15. 次の図は，それぞれ点対称な図形である。対称の中心 O をかき入れよ。

(1)

(2)

(3)

16. 右の図で，影の部分は直線 AB を対称軸とする
線対称な図形の半分を表している。残りの半分をか
き入れて，線対称な図形を完成させよ。

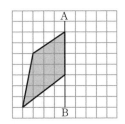

17. 右の図で，影の部分は O を対称の中心とする点
対称な図形の半分を表している。残りの半分をかき
入れて，点対称な図形を完成させよ。

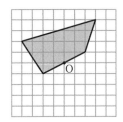

18. 右の図のように，2 点 A，B で交わる半径の
等しい 2 つの円がある。この図は，ある直線につ
いて線対称である。その直線はどのような直線か。
すべて求めよ。

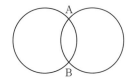

●**例題4**● 右の図で，三角形
ABC を直線 ℓ について対称
移動した三角形 A′B′C′ をか
け。さらに，三角形 A′B′C′
を直線 ℓ′ について対称移動
した三角形 A″B″C″ をかけ。
また，三角形 ABC から三
角形 A″B″C″ への移動が，1
つの回転移動となっているこ
とを説明せよ。

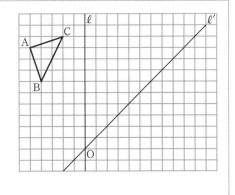

(解説) 頂点 A，B，C と直線 ℓ についてそれぞれ対称な点 A′，B′，C′ をかく。さらに，
点 A′，B′，C′ と直線 ℓ′ についてそれぞれ対称な点 A″，B″，C″ をかく。
　　△ABC から △A″B″C″ への移動は，直線 ℓ と ℓ′ との交点 O を中心とする回転移動と
なっている。

（解答）△A'B'C' と △A''B''C'' は右の図
（説明）直線 ℓ，ℓ' は，それぞれ
∠AOA'，∠A'OA'' の二等分線と
なっているから，∠AOA'' は ℓ と
ℓ' のつくる角の 2 倍である。
また，OA＝OA'，OA'＝OA'' より
　　OA＝OA''
すなわち，A'' は，O を中心として
頂点 A を直線 ℓ と ℓ' のつくる角
の 2 倍だけ回転移動した点である。

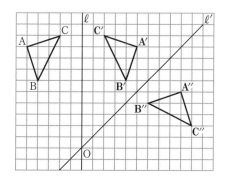

同様なことが頂点 B と B''，頂点 C と C'' についてもいえる。
ゆえに，△ABC から △A''B''C'' への移動は，直線 ℓ と ℓ' との交点 O を中心とし，
ℓ と ℓ' のつくる角の 2 倍を回転角とする回転移動である。

（注） 三角形 ABC を，記号 △ を使って △ABC と書く。

演習問題

19. 次の三角形を右の図にかき入れよ。

(1)　△ABC の頂点 A を点 D まで平行移
動した △DEF

(2)　△ABC を，O を中心として時計まわり
に 90°回転移動した △GHI

(3)　△ABC を，直線 ℓ を対称軸として対
称移動した △JKL

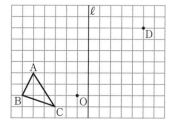

20. 右の図は，長方形 ABCD を合同な 8 つの三角形に
分割したものである。
　次の移動によって，㋐と重ねることができる三角形
を，㋑〜㋗の中からすべて答えよ。

(1)　平行移動

(2)　回転移動

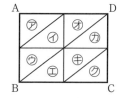

21. 右の図で，正方形 ABCD を，C を中心として時計まわりに 45°回転させた図形を正方形 EFCG とし，辺 AD と EF との交点を H とする。

(1) 正方形 ABCD と正方形 EFCG は，ある直線について線対称である。その対称軸を求めよ。

(2) ∠DHF の大きさを求めよ。

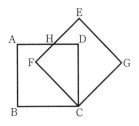

22. 右の図のように，△ABC を，半直線 OX を対称軸として △A′B′C′ に移動し，さらに，半直線 OY を対称軸として △A″B″C″ に移動した。

∠XOY＝52° のとき，∠COC″ の大きさを求めよ。

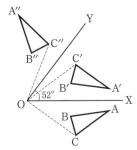

23. 右の図で，∠XOY＝38°，半直線 OX について点 A と対称な点を B，半直線 OY について B と対称な点を C とする。

(1) ∠AOC の大きさを求めよ。

(2) ∠BOC＝120° のとき，∠AOY の大きさを求めよ。

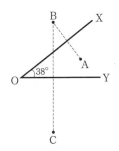

24. 右の図で，2 直線 ℓ, ℓ' は平行である。

△ABC を直線 ℓ について対称移動したものを △A′B′C′，さらに，△A′B′C′ を直線 ℓ' について対称移動したものを △A″B″C″ とする。

2 直線 ℓ, ℓ' の距離を 6cm とすると，△ABC から △A″B″C″ への移動はどのような移動か。

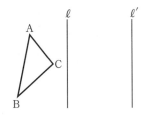

25. 次の図で，△ABC と △A′B′C′ は合同である。1回の移動で，△ABC を
△A′B′C′ に重ねるには，どのような移動を行えばよいか。

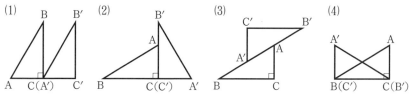

26. 次の問いに答えよ。

(1) 図1で，△ABC を直線 ℓ について対称移
動した △DEF をかけ。

また，△ABC，△DEF を直線 m について
それぞれ対称移動した △A′B′C′，△D′E′F′
をかけ。

(2) 図2のように，正方形の紙を2回折り，影
の部分を取り除いた。このとき，取り除かれ
た部分を図3にかき入れよ。

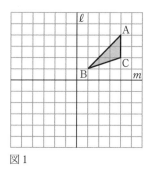

図1

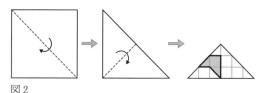

図2

図3

27. 右の図は，長方形 ABCD の頂点 C が辺 AD
上にくるように線分 EF を折り目として折り返し
たもので，C の移った点を G とする。

∠GFD＝60° のとき，次の問いに答えよ。

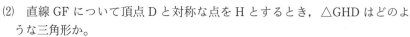

(1) ∠GEF の大きさを求めよ。

(2) 直線 GF について頂点 D と対称な点を H とするとき，△GHD はどのよ
うな三角形か。

(3) 直線 EG について頂点 C と対称な点を I とするとき，IG：GD を求めよ。

3…作図

1 **作図** 定規とコンパスだけを使って図形をかくことを**作図**という。

  (1) **定規でできること**

   ① 与えられた 2 点を通る直線をひく。

   ② 与えられた線分を延長する。

  (2) **コンパスでできること**

   ① 与えられた点を中心として，与えられた半径の円をかく。

   ② 与えられた線分の長さを他に移す。

2 **基本的な作図**

  (1) ∠XOY の二等分線をひく。　(2) 線分 AB の垂直二等分線をひく。

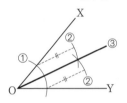

  (3) 直線 ℓ 上の点 P を通り，
    ℓ に垂直な直線をひく。

  (4) 直線 ℓ 上にない点 P を通り，ℓ
    に垂直な直線をひく。

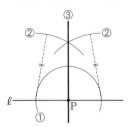

  (5) 直線 ℓ 上にない点 P を通り，ℓ に
    平行な直線をひく。

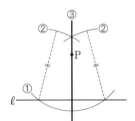

  注 ①，②，③，…は作図の順序を表す。

  注 作図に使った線は消さずに残しておくこと。

(基本問題)

28. 右の図の線分 AB を 1 辺とする正三角形 ABC
を作図せよ。

29. 右の図で，直線 ℓ を対称軸とする線分 AB と対
称な線分 A′B′ を作図せよ。

30. 右の図で，2 点 A，B からの距離が等しい直線
ℓ 上の点 P を作図せよ。

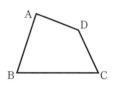

31. 右の図の四角形 ABCD で，2 辺 AB，DC から
の距離が等しい辺 BC 上の点 P を作図せよ。

32. 右の図の円 O で，円周上の点 A における接線を作
図せよ。

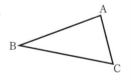

●例題5● 右の図の △ABC で，次の問いに答えよ。
(1) 辺 BC の中点 M を作図せよ。
(2) (1)で求めた点 M を対称の中心とする四角形
ABDC を作図せよ。

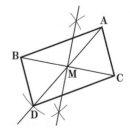

(解説) (1) 線分 BC の垂直二等分線を作図する。
(2) 点 M について頂点 A と対称な点 D を作図する。

(解答) (1) 線分 BC の垂直二等分線をひき，BC との交点
をM とする。 (答) 右の図
(2) ① 直線 AM をひく。
② M を中心として半径 MA の円をかき，直線
AM との交点のうち，A と異なる点を D とする。
③ 点 B と D，点 C と D を結ぶ。 (答) 右の図

演習問題

33. 右の図の四角形 ABCD で，辺 BC の中点を対称の
中心とする六角形 ABEFCD を作図せよ。

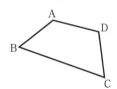

34. 右の図の △A′B′C′ は，△ABC を回転
移動した図形である。回転の中心 O を作
図せよ。

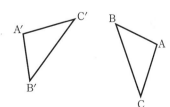

35. 右の図の長方形 ABCD で，辺 AD 上に
∠PBC＝60°，∠QBC＝30° となるような点 P，Q
をそれぞれ作図せよ。

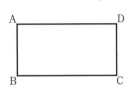

36. 右の図で，∠AOB の 3 倍の大きさの角を作
図せよ。

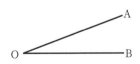

●例題6●　右の図で，∠XOY の内部にあり，
半直線 OX，OY から等距離にあって，かつ
2 点 A，B からも等距離にある点 P を作図せ
よ。

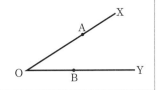

解説 半直線 OX，OY から等距離にある点は，∠XOY の二等分線上にある。また，2
点 A，B から等距離にある点は，線分 AB の垂直二等分線上にある。この 2 直線の交点
を求める。

解答 ①　∠XOY の二等分線 OZ をひく。
②　線分 AB の垂直二等分線 ℓ をひく。
③　半直線 OZ と直線 ℓ との交点を P とする。
（答）　右の図

演習問題

37. 右の図で，3点 A，B，C を通る円 O を作図せよ。
（この円を △ABC の **外接円** という）

A.

•C

B•

38. 右の図の △ABC で，3辺に接する円 I を作
図せよ。
（この円を △ABC の **内接円** という）

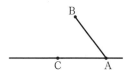

39. 右の図で，線分 AB 上に中心があり，直線
AC に接し，点 B を通る円 O を作図せよ。

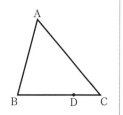

●**例題7**● 右の図の △ABC で，頂点 A が点 D
と重なるように折り返すとき，折り目となる線
分 EF を作図せよ。ただし，E は辺 AB 上の点，
F は辺 CA 上の点とする。

解説 △AEF と △DEF は，直線 EF について線対称であるから，2点 E，F は，線分
AD の垂直二等分線上にある。

解答 ① 線分 AD の垂直二等分線をひく。
② ①の直線と辺 AB，CA との交点をそれぞれ E，
F とする。

（答） 右の図

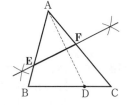

演習問題

40. 右の図の四角形 ABCD で，頂点 A が点 E と重なるように折り返すとき，折り目となる線分 FG を作図せよ。ただし，F は辺 BC 上の点，G は辺 DA 上の点とする。

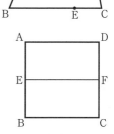

41. 右の図の正方形 ABCD で，頂点 D が線分 EF 上にくるように点 C を通る直線を折り目として折り返すとき，折り目となる線分 CP を作図せよ。ただし，P は辺 AD 上の点とする。

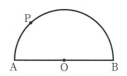

42. 右の図の AB を直径とする半円 O で，点 P と $\overgroup{PB}$ 上の点 Q を通る直線を折り目として折り返すとき，折り返した弧が中心 O を通るような直線 PQ を作図せよ。

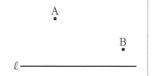

進んだ問題の解法

> ‖‖‖**問題1** 右の図のように，直線 ℓ と 2 点 A，B がある。点 P が直線 ℓ 上を動くとき，線分の長さの和 AP＋PB が最小となる点 P を作図せよ。

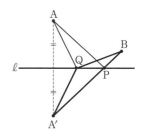

解法 直線 ℓ について点 A と対称な点を A′ とし，直線 A′B と ℓ との交点を P とする。このとき，P は線分の長さの和を最小にする点である。
なぜならば，点 P 以外の直線 ℓ 上の点を Q とすると，三角形の 2 辺の長さの和は，他の 1 辺の長さより大きいから，△A′BQ で，A′B＜A′Q＋QB
点 A と A′ は直線 ℓ について対称であるから，

AP＝A′P，AQ＝A′Q

よって，AP＋PB＝A′P＋PB＝A′B，AQ＋QB＝A′Q＋QB
ゆえに，AP＋PB＜AQ＋QB となる。

　　なお，三角形の３辺の長さの性質については，「新Aクラス中学数学問題集２年」
（→6章の研究，p.130）でくわしく学習する。

$\boxed{\text{解答}}$ ①　Aを中心として適当な半径の円をかき，直線
　　　　ℓとの交点をC, Dとする。

②　C, Dをそれぞれ中心として①と同じ半径の
　　　円をかき，２つの円の交点のうち，Aと異なる
　　　点をA′とする。

③　直線A′Bをひき，直線ℓとの交点をPとする。

（答）　右の図

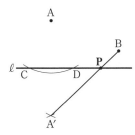

参考　直線ℓについて点Bと対称な点B′を作図して，
　　直線AB′とℓとの交点をPとしてもよい。

|||||進んだ問題|||||

43. 右の図のように，平行な２直線ℓ, mの間に２
点A，Bがある。点Pが直線ℓ上を，点Qが直線
m上を動くとき，線分の長さの和 AP＋PQ＋QB
が最小となる点P，Qを作図せよ。

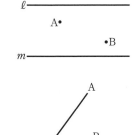

44. 右の図のように，∠AOBと点Pがある。点M
が半直線OA上を，点Nが半直線OB上を動くと
き，線分の長さの和 PM＋MN＋NP が最小となる
点M，Nを作図せよ。

4 … 平面図形の計量

---

1 **中心角・おうぎ形**

(1) 円 O で，2 つの半径を OA，OB とするとき，∠AOB を $\overset{\frown}{\text{AB}}$ **に対する中心角**という。また，$\overset{\frown}{\text{AB}}$ を**中心角∠AOB に対する弧**という。

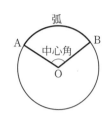

弧
中心角

(2) 円 O の 2 つの半径と弧で囲まれた図形を**おうぎ形**という。右の図のおうぎ形を，**おうぎ形 OAB** という。

1 つの円または半径の等しい円で，おうぎ形の弧の長さや面積は，中心角の大きさに比例する。

2 **円周率**

円周の長さの直径に対する割合（円周）÷（直径）は一定で，この値を**円周率**といい，ギリシャ文字 π で表す。円周率 π は小数で表したとき，3.14159… と限りなく続く数であるが，計算の目的によって，およその値（近似値という）として，3.14 などを使うことがある。

3 **円周と弧の長さ・円とおうぎ形の面積**

(1) 半径 r の円で，周の長さ ℓ，面積 S は，

$$\ell = 2\pi r \qquad\qquad S = \pi r^2$$

(2) 半径 r の円で，中心角 $a°$ に対する弧の長さ ℓ，面積 S は，

$$\ell = 2\pi r \times \frac{a}{360} \qquad S = \pi r^2 \times \frac{a}{360}$$

(3) 半径 r，弧の長さ ℓ のおうぎ形の面積 S は，

$$S = \frac{1}{2}\ell r$$

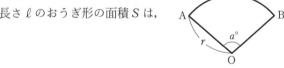

●**基本問題**●

45. 円について，次の弧に対する中心角の大きさを求めよ。

(1) 円周の $\dfrac{1}{5}$　　　　　　　(2) 円周の $\dfrac{4}{9}$

46. 円について，次の中心角に対する弧の長さは円周の何倍か。

(1) 中心角 135°　　　　　　　　　　(2) 中心角 252°

47. 次の円の周の長さと面積を求めよ。

(1) 半径 5 cm　　　　(2) 半径 $\dfrac{3}{8}$ cm　　　　(3) 直径 7 cm

48. 次のおうぎ形の弧の長さと面積を求めよ。

(1) 半径 3 cm，中心角 45°

(2) 半径 10 cm，中心角 150°

(3) 半径 15 cm，中心角 264°

49. 次の図で，x の値を求めよ。ただし，O は円の中心である。

(1) 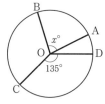　(2) 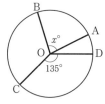　(3)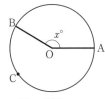

$$\overset{\frown}{AB}:\overset{\frown}{BC}=2:3 \qquad \overset{\frown}{AB}:\overset{\frown}{CD}=3:5 \qquad \overset{\frown}{AB}:\overset{\frown}{ACB}=5:7$$

50. 右の図のおうぎ形 OAB で，$\overset{\frown}{AB}$ に対する中心角 ∠AOB が $\overset{\frown}{AC}$ に対する中心角 ∠AOC の 2 倍であるとき，次の(ア)～(ウ)のうち，正しいものはどれか。

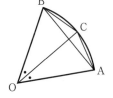

(ア) 弦 AC の長さと弦 BC の長さは等しい。

(イ) 弦 AB の長さは弦 AC の長さの 2 倍である。

(ウ) $\overset{\frown}{AB}$ の長さは $\overset{\frown}{AC}$ の長さの 2 倍である。

51. 次の図で，影の部分の周の長さと面積を求めよ。ただし，曲線はすべて半円または四分円の弧である。

注　中心角が 90°のおうぎ形を四分円という。

(1) 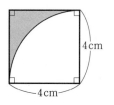　　　　　(2)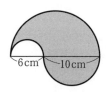

●**例題8**● 右の図のような中心角 $x°$, 半径 r cm,
$\overset{\frown}{AB}$ の長さ ℓ cm のおうぎ形 OAB がある。

(1) ℓ を x と r を使って表せ。

(2) おうぎ形 OAB の面積を S cm² とするとき,

$S=\dfrac{1}{2}\ell r$ であることを説明せよ。

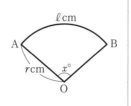

(解説) 中心角が $x°$ であるから, $\overset{\frown}{AB}$ の長さ ℓ cm, おうぎ形 OAB の面積 S cm² は, 半径 r cm の円の周の長さ, 面積をそれぞれ $\dfrac{x}{360}$ 倍する。

(解答) (1) $\ell=2\pi r\times\dfrac{x}{360}=\dfrac{\pi rx}{180}$ (答) $\ell=\dfrac{\pi rx}{180}$

(2) (1)より $\ell=\dfrac{\pi rx}{180}$

よって $S=\pi r^2\times\dfrac{x}{360}=\dfrac{1}{2}r\times\dfrac{\pi rx}{180}=\dfrac{1}{2}r\times\ell=\dfrac{1}{2}\ell r$

ゆえに $S=\dfrac{1}{2}\ell r$

演習問題

52. 次のおうぎ形の面積を求めよ。

(1) 半径 15cm, 弧の長さ 8π cm (2) 半径 $\dfrac{21}{4}$ cm, 弧の長さ $\dfrac{36}{7}\pi$ cm

53. 次のおうぎ形の中心角の大きさを求めよ。

(1) 半径 5cm, 面積 10π cm² (2) 半径 24cm, 弧の長さ 14π cm

54. 次の問いに答えよ。

(1) 弧の長さ 6π cm, 面積 8π cm² のおうぎ形の半径を求めよ。

(2) 半径 8cm, 面積 18π cm² のおうぎ形の弧の長さを求めよ。

(3) 弧の長さ 21π cm, 面積 210π cm² のおうぎ形の周の長さを求めよ。

55. 右の図で, 円 O の半径は 2cm である。
$\overset{\frown}{AB}:\overset{\frown}{BC}:\overset{\frown}{CA}=2:3:4$ のとき, 次の問いに答えよ。

(1) ∠AOB の大きさを求めよ。

(2) $\overset{\frown}{AB}$ の長さを求めよ。

(3) おうぎ形 OAC の面積を求めよ。

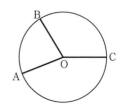

56. 右の図のように，5点 A，B，C，D，E は
直線上に等間隔に並んでいる。上側の半円と下
側の半円について，次の問いに答えよ。

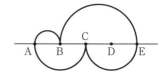

(1) 上側の半円の面積の和と，下側の半円の面
積の和の比を求めよ。

(2) 上側の半円の弧の長さの和と，下側の半円の弧の長さの和の比を求めよ。

57. 右の図で，影の部分は半径9cm，中心角150°
のおうぎ形から半径4cm，中心角150°のおうぎ
形を取り除いた図形である。

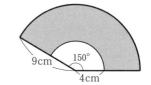

(1) 影の部分の周の長さを求めよ。

(2) 影の部分の面積を求めよ。

●**例題9**● 右の図で，影の部分の面積を求めよ。
ただし，曲線はすべて円の弧である。

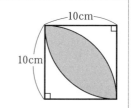

(**解説**) 中心角90°のおうぎ形の面積から直角二等辺三角形の面積
をひいて，2倍する。

(**解答**) 右の図で，斜線部分の面積は，半径10cm，中心角90°の
おうぎ形 BCA の面積から△ABC の面積をひいたもので
ある。

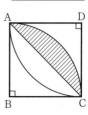

$$\pi \times 10^2 \times \frac{1}{4} - \frac{1}{2} \times 10^2 = 25\pi - 50$$

求める面積は，斜線部分の面積の2倍であるから

$$(25\pi - 50) \times 2 = 50\pi - 100$$

(答) $(50\pi - 100)\,\text{cm}^2$

(**参考**) おうぎ形 BCA の面積の2倍から正方形 ABCD の面積をひいて求めてもよい。

(**注**) △ABC の面積を単に △ABC と書くこともある。

(例) $\triangle \text{ABC} = \dfrac{1}{2} \times 10^2 = 50$

演習問題

58. 次の図で，影の部分の面積を求めよ。ただし，曲線はすべて円，半円，四分円のいずれかの弧である。

(1)

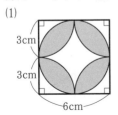

(2)

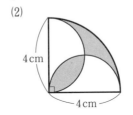

(3)

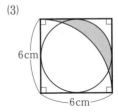

59. 右の図の △ABC で，AB=6cm，BC=8cm，∠B=90° のとき，影の部分の面積を求めよ。ただし，曲線はすべて半径が等しいおうぎ形の弧である。

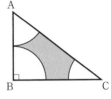

60. 右の図のように，半径6cm の円 O，O′ があり，たがいに中心を通るように重なっている。影の部分の面積を求めよ。

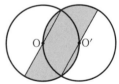

61. 右の図のように，1辺の長さが12cm の正三角形の1辺と，半円の直径が重なっている。影の部分の面積を求めよ。

62. 右の図のように，1辺の長さが 12cm の正方形 ABCD とおうぎ形 BCA がある。線分 AC と BD との交点を E，⌢AC と線分 BD との交点を F とする。

(1) ⌢CF の長さを求めよ。

(2) ㋐の面積を求めよ。

(3) ㋑の面積を求めよ。

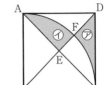

63. 右の図の2つの半円で，点Cは線分AB上
にある。⑦と⑦の面積が等しいとき，xの値を
求めよ。

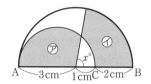

64. 右の図は，直角三角形ABCを，Aを中心とし
て，反時計まわりに60°回転移動させたものである。
辺BCが動いたときにえがく図形（影の部分）の面
積を求めよ。

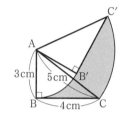

65. 次の図のような AB=6cm，BC=8cm，BD=10cm の長方形ABCDがあ
る。この長方形を直線 ℓ にそって，すべることなく右方向へ辺ABが ℓ 上に
重なるまで転がす。

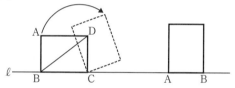

(1) 頂点Bが動いたときにえがく線の長さを求めよ。

(2) 頂点Bが動いたときにえがく線と直線 ℓ で囲まれた図形の面積を求めよ。

|||||進んだ問題|||||

66. 中心角が90°のおうぎ形OABについて，次の問いに答えよ。

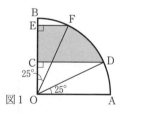
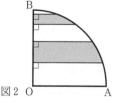

(1) 図1で，影の部分の面積とおうぎ形OABの面積の比を求めよ。

(2) 図2のように，$\overarc{AB}$を5等分した各点から，半径OAに平行な直線をひく。
OA=6cm のとき，影の部分の面積の和を求めよ。

5章の問題

1 右の図で，半直線 OD は ∠BOC の二等分線，半直線 OE は ∠AOD の二等分線，半直線 OF は ∠COE の二等分線である。∠AOE＝$a°$ とするとき，∠COF の大きさを $a°$ を使って表せ。

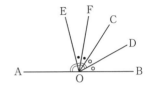

2 図1のように，1辺の長さが 20cm の正方形の折り紙を4つ折りにし，図2のように，2つの半円を組み合わせた図形の太線のところで切り取り，影の部分を平らに開く。できた図形の周の長さと面積を求めよ。

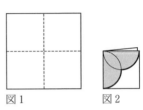

図1　　図2

3 1cm の方眼の上で，ある図形を右に 1cm，上に 1cm だけ平行移動してできる図形と，もとの図形の重なった部分を黒くぬる。

(1) もとの図形が，右の(i)，(ii)の図形であるとき，黒くぬる部分の面積を求めよ。

(i) (ii)

(2) 黒くぬる部分が右の図のようになるとき，もとの図形のうち，三角形であるものをかき入れよ。

4 次の図で，影の部分の面積を求めよ。ただし，曲線はすべて O を中心とする円の弧である。

(1) 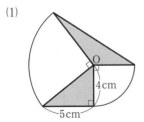 (2)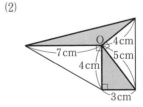

5 次の正多角形を作図せよ。

(1) 正六角形　　　　　　　　(2) 正八角形

6 右の図のように，中心が O の円形の紙に，2 点 A，B がある。ある弦を折り目として，この円を折り返したとき，折り返した弧が 2 点 A，B を通るようにしたい。折り目となる弦を作図せよ。

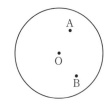

7 右の図で，2 つの正方形 ABCD，BEFG は合同であり，辺 CD と辺 FG との交点を H とする。⑦と④の面積の比が 3 : 2 のとき，次の問いに答えよ。

(1) 台形 ABHD と △BCH の面積の比を求めよ。

(2) ⑦と④の周の長さの比を求めよ。

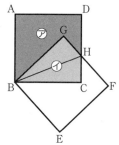

8 次の図のような ∠BOA＝60° を中心角とする半径 2cm のおうぎ形 OAB がある。このおうぎ形を直線 ℓ にそって，すべることなく右方向へ頂点 O が ℓ 上にくるまで転がす。

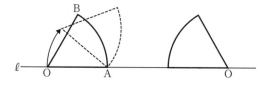

(1) 頂点 O が動いたときにえがく線の長さを求めよ。

(2) 頂点 O が動いたときにえがく線と直線 ℓ で囲まれた図形の面積を求めよ。

‖‖‖**進んだ問題**‖‖‖

9 右の図のように，長方形 ABCD の辺 AB 上に点 P がある。辺 BC 上に点 Q，辺 CD 上に点 R，辺 DA 上に点 S をとり，線分の長さの和 PQ＋QR＋RS＋SP が最小となる点 Q，R，S を作図せよ。

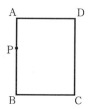

6章

空間図形

1… 空間図形の基礎

1 **平面の決定**

次のそれぞれの場合，それらをふくむ平面はただ1つに定まる。

(1) 同じ直線上にない3点　　(2) 1つの直線とその直線上にない1点

(3) 交わる2直線　　(4) 平行な2直線

2 **直線と直線**

(1) **直線と直線の位置関係**

① 2直線 ℓ, m が**同じ平面上にある**とき

(i) 共通の点がAだけのとき，ℓ と m は点Aで**交わる**という。

(ii) 共通の点がないとき，ℓ と m は**平行**（$\ell /\!/ m$）であるという。

② 2直線 ℓ, m が**同じ平面上にない**（空間で，平行ではなく交わらない）とき，ℓ と m は**ねじれの位置**にあるという。

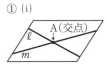
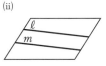
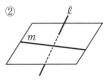

(2) **ねじれの位置にある2直線のつくる角**

2直線 ℓ, m がねじれの位置にあるとき，右の図のように，ℓ 上に1点Oをとり，Oを通り m に平行な直線 m' をひく。この交わる2直線 ℓ と m' のつくる角を，

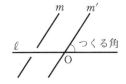

ねじれの位置にある2直線 ℓ と m のつくる角という。とくに，この角が直角であるとき，2直線 ℓ と m は**垂直**（$\ell \perp m$）であるという。

(3) 3直線 ℓ, m, n があって，$\ell /\!/ m$ かつ $\ell /\!/ n$ ならば $m /\!/ n$ である。

3 **直線と平面**

(1) **直線と平面の位置関係**

① 直線 ℓ と平面 P が**共通の点 A をふくむ**とき

(i) 共通の点が A だけのとき，直線 ℓ と平面 P は点 A で**交わる**といい，共通の点を**交点**という。

(ii) 共通の点が A のほかに B もあるとき，平面 P は直線 ℓ を**ふくむ**という。（直線 ℓ は平面 P 上にある）

② 直線 ℓ と平面 P に**共通の点がない**とき，直線 ℓ と平面 P は**平行**（**ℓ // P**）であるという。

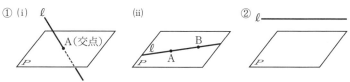

(2) **直線と平面の垂直**

直線 ℓ が平面 P と 1 点 O で交わり，O を通る P 上のすべての直線と垂直であるとき，直線 ℓ と平面 P は**垂直**（**ℓ⊥P**）であるといい，ℓ を P の**垂線**という。

① 平面 P と交わる直線 ℓ が，その交点 O を通る平面上の 2 つの直線と垂直であるとき，直線 ℓ は平面 P に垂直である。

② ℓ⊥P のとき，直線 ℓ は平面 P 上のすべての直線と垂直である。

③ 点 A から平面 P にひいた垂線と，P との交点を B とするとき，線分 AB の長さを**点 A と平面 P との距離**という。

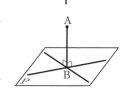

4 **平面と平面**

(1) **平面と平面の位置関係**

① 2 平面 P，Q が**共通の直線をふくむ**とき，平面 P と Q は**交わる**という。

このとき，平面 P と Q が交わったときにできる共通の直線を**交線**という。

② 2 平面 P，Q に**共通の点がない**とき，平面 P と Q は**平行**（**P // Q**）であるという。

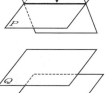

(2) **2平面のつくる角**

　　2平面P，Qの交線 ℓ 上の点Oを通り，P，Q上にそれぞれ ℓ の垂線OA，OBをひくとき，∠AOBを **2平面PとQのつくる角** という。

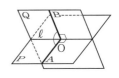

(3) **2平面の垂直**

　　2平面P，Qのつくる角が直角であるとき，平面PとQは **垂直（P⊥Q）** であるという。

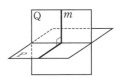

(4) 平面Pとこれに垂直な直線 m があるとき，m をふくむ平面QはPに垂直である。

(5) 3平面P，Q，Rがあって，P∥Q，P∥Rならば Q∥R である。

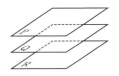

 基本問題

1. 空間で，次の ☐ にあてはまる語句を入れよ。

(1) 2直線 ℓ と m が1点だけを共有するとき，ℓ と m は ［ア］ という。また，直線 ℓ と m が同じ平面上にあって共有する点がないとき，ℓ と m は ［イ］ であるといい，同じ平面上にないとき，ℓ と m は ［ウ］ にあるという。

(2) 直線 ℓ と平面Pが1点だけを共有するとき，ℓ とPは ［エ］ といい，共有する点がないとき，ℓ とPは ［オ］ であるという。

(3) 直線 ℓ と平面Pが1点Oで交わり，直線 ℓ がOを通る平面P上にあるすべての直線と垂直のとき，ℓ とPは ［カ］ であるといい，このとき，ℓ をPの ［キ］ という。

(4) 2平面PとQが1つの直線だけを共有するとき，PとQは ［ク］ といい，共有する点がないとき，PとQは ［ケ］ であるという。

2. 空間で，次の(ア)～(オ)のうち，直線または平面が1つに定まるのはどれか。

(ア) 異なる2点を通る直線

(イ) 1つの直線とその直線上にない1点をふくむ平面

(ウ) 1つの直線をふくむ平面

(エ) 平行な2直線をふくむ平面

(オ) 1点で交わる3直線をふくむ平面

3. 右の図の直方体 ABCD–EFGH について，次のような辺や面をすべて答えよ。

(1) 辺 AE と平行な辺
(2) 辺 AD とねじれの位置にある辺
(3) 辺 AD と垂直に交わる辺
(4) 面 ABCD に平行な面
(5) 面 AEHD に平行な辺
(6) 辺 AB に平行な面

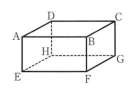

4. 右の図の三角すい O–ABC について，ねじれの位置に
ある辺の組をすべて答えよ。

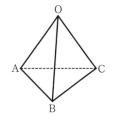

5. 右の図で，四角形 ABCD は平面 P 上にあり，O
は 平面 P 上にない点である。四角形 ABCD の 4
つの頂点のうちの 2 つと，点 O とを通る平面は
いくつあるか。

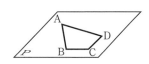

●**例題1**● 右の図の立方体 ABCD–EFGH につい
て，次の問いに答えよ。

(1) 直線 EF が平面 BFGC に垂直であることを
説明せよ。
(2) (1)の結果から，直線 EF と FC が垂直である
ことを説明せよ。
(3) 2 平面 DEFC と HEFG のつくる角の大きさ
を求めよ。
(4) 3 直線 l, m, n について，$l \perp m$, $l \perp n$ であっても，$m /\!/ n$ となら
ないような l, m, n の例を，立方体の辺の中から 1 組選べ。
(5) 辺 AB と CG のつくる角の大きさを求めよ。

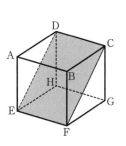

（解説） (1) 直線 ℓ と平面 P が 1 点で交わり，ℓ と P との交点を通る P 上の 2 つの直線と ℓ が垂直ならば，ℓ と P は垂直である。

(2) 直線 FC は，平面 BFGC 上にあるから，(1)の結果を使って，EF⊥FC をいう。

(3) FC⊥EF，FG⊥EF であるから，2 平面 DEFC と HEFG のつくる角は，∠CFG である。

(4) 3 直線が $\ell \perp m$，$\ell \perp n$ のとき，次のような場合が考えられる。

(i) ℓ，m，n が同一平面上にある。　　(ii) ℓ と m（または n）が同一平面上にある。　　(iii) m と n が同一平面上にある。

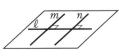

$m /\!/ n$ である

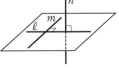

m と n はねじれの位置にある

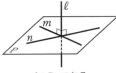

$\ell \perp$ P である

(5) 辺 AB と CG はねじれの位置にあるから，辺 AB と平行で，辺 CG と交わる辺と辺 CG のつくる角を考える。

（解答） (1) 直線 EF と FB，直線 EF と FG は，それぞれ正方形の隣り合う辺であるから，EF⊥FB，EF⊥FG である。

直線 EF は，平面 BFGC と点 F で交わり，F を通る平面 BFGC 上の 2 直線 FB，FG と垂直である。

ゆえに，直線 EF は平面 BFGC に垂直である。

(2) (1)より，直線 EF は平面 BFGC に垂直であるから，EF は平面 BFGC 上のすべての直線と垂直である。

ゆえに，直線 EF と FC は垂直である。

(3) 長方形 DEFC と正方形 HEFG の共通の辺 EF は，2 辺 FC，FG のどちらにも垂直であるから，∠CFG が 2 平面 DEFC と HEFG のつくる角である。

FC は正方形 BFGC の対角線であるから，∠CFG＝45° である。

ゆえに，2 平面 DEFC と HEFG のつくる角は 45° である。　　（答） 45°

(4) ℓ を直線 EF，m を直線 FC，n を直線 FG とすると，EF⊥FC，EF⊥FG であるが，(3)より，∠CFG＝45° であり，FC と FG は平行ではない。

（答） 辺 EF，FC，FG

(5) 辺 AB と CG はねじれの位置にある。

AB /\!/ DC であるから，辺 AB と CG のつくる角は ∠DCG である。

四角形 CDHG は正方形であるから，∠DCG＝90° である。

ゆえに，辺 AB と CG のつくる角は 90° である。　　（答） 90°

（参考） (4) 直線 BC と AB と CG（AB と CG はねじれの位置にある），直線 AB と BC と BF（AB，BC，BF は 1 点 B で交わる）などもある。

演習問題

6. 右の図の立方体 ABCD–EFGH で，M，N はそれぞれ辺 AD，CD の中点である。この立方体を，平面 MEGN で切って 2 つに分けたとき，頂点 A をふくむほうの立体について，次のような辺や面をすべて答えよ。

(1) 辺 AB と平行な辺

(2) 辺 BC とねじれの位置にある辺

(3) 辺 BF に垂直な辺

(4) 面 ABCNM に平行な面

(5) 面 AEFB に垂直な面

(6) 辺 AE に平行な面

(7) 面 AEM に垂直な辺

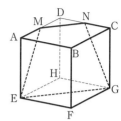

7. 空間で，次の 2 直線または 2 平面は平行であるか。平行とはかぎらない場合には，その例を右の図の立方体の辺や面を使って説明せよ。

(1) 1 つの直線に平行な 2 直線

(2) 1 つの直線に垂直な 2 直線

(3) 1 つの平面に平行な 2 直線

(4) 1 つの平面に垂直な 2 直線

(5) 1 つの直線に平行な 2 平面

(6) 1 つの直線に垂直な 2 平面

(7) 1 つの平面に平行な 2 平面

(8) 1 つの平面に垂直な 2 平面

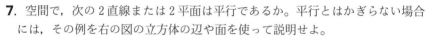

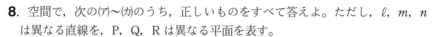

8. 空間で，次の(ア)〜(カ)のうち，正しいものをすべて答えよ。ただし，l，m，n は異なる直線を，P，Q，R は異なる平面を表す。

(ア) l と m が交わらないとき，$l \parallel m$ である。

(イ) P 上の異なる 2 点 A，B を結ぶ直線 AB は P にふくまれる。

(ウ) $l \parallel P$ かつ $l \perp Q$ ならば P⊥Q である。

(エ) l，m がそれぞれ P と R，Q と R との交線で，$P \parallel Q$ ならば $l \parallel m$ である。

(オ) l，m が P にふくまれ，$l \perp n$ かつ $m \perp n$ ならば $n \perp P$ である。

(カ) l，m はねじれの位置にあり，P が l をふくむとき，$m \parallel P$ である。

9. 次の直線または平面の位置関係をいえ。

(1) 2つの平面 P, Q が平行のとき, P 上にある直線 ℓ と Q の関係

(2) 2つの平面 P, Q が両方とも平面 R に平行のとき, P と Q の関係

(3) 2つの直線 ℓ, m が平行で ℓ は平面 P に垂直であるとき, m と P の関係

(4) 2つの平面 P, Q が平行で直線 ℓ が P に垂直であるとき, ℓ と Q の関係

(5) 直線 ℓ と平面 P が平行のとき, ℓ をふくむ平面 Q と P との交線を m とする。このとき, 直線 ℓ と m の関係

10. 右の図の立方体 ABCD–EFGH について, 次の角の大きさを求めよ。

(1) 直線 FG と DG のつくる角

(2) 直線 FA と FC のつくる角

(3) 直線 AB と DG のつくる角

(4) 平面 AFGD と AEFB のつくる角

(5) 平面 AFGD と EFGH のつくる角

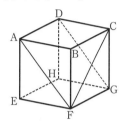

11. ねじれの位置にある2直線 ℓ, m がある。m 上の点 A を通り, ℓ に平行な直線 n をひき, m, n をふくむ平面を P とする。このとき, 直線 ℓ と平面 P の位置関係について, ☐ にあてはまる語句を入れよ。

ℓ と P の位置関係は,

　① ℓ が P にふくまれる

　② ℓ と P は交わる

　③ ℓ と P は ☐(ア)☐ である

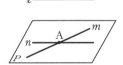

の3通りのいずれかである。

　①のとき, ℓ と m はどちらも P にふくまれるから, ℓ と m が ☐(イ)☐ にあることに反する。

　②のとき, $\ell /\!/ n$ より, ℓ と n は同じ ☐(ウ)☐ 上にあり, この ☐(ウ)☐ を Q とすると, n は P と Q の ☐(エ)☐ となる。ℓ と P との交点は ℓ 上の点であるから, Q 上にもあることになる。よって, この交点は, P と Q の ☐(エ)☐ である n 上にあることになるから, ℓ と n が ☐(オ)☐ をもつことになり, $\ell /\!/ n$ に反する。ゆえに, ℓ と P の位置関係は③である。

2…空間図形のいろいろな見方

[1] **角柱・円柱**

(1) **角柱・円柱のつくり方**

① **図形の移動** 図形をその図形の面と垂直な方向に移動させる。

図形が多角形のときは**角柱**，円のときは**円柱**となる。

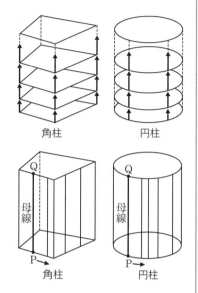

角柱　　円柱

② **線分の移動** 点Pを，ある図形の周にそって1まわりさせるとき，線分PQを図形の面に垂直に移動させる。

図形が多角形のときは**角柱**，円のときは**円柱**となる。このとき，1つ1つの線分PQを，角柱や円柱の**母線**という。

角柱　　円柱

注 底面が正多角形で，側面がすべて合同な長方形である角柱を**正三角柱**，**正四角柱**，…という。

[2] **角すい・円すい**

(1) **角すい・円すいのつくり方**

① **線分の移動** 点Pを，ある図形の周にそって1まわりさせるとき，定点OとPを結ぶ線分OPを移動させる。

図形が多角形のときは**角すい**，円のときは**円すい**となる。このとき，1つ1つの線分OPを，角すいや円すいの**母線**といい，定点Oを角すいや円すいの**頂点**という。

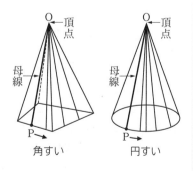

角すい　　円すい

注 底面が正多角形で，側面がすべて合同な二等辺三角形である角すいを**正三角すい**，**正四角すい**，…という。

③ 見取図と展開図

(1) **見取図と展開図** 立体を目に見えたままの形にかいた図を**見取図**といい，立体の表面を切り開いて，平面上に広げた図を**展開図**という。見取図，展開図は 1 通りではない。

(2) **角柱・円柱**

① 四角柱（直方体）

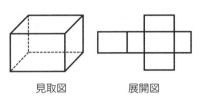

見取図　　　　展開図

② 円柱

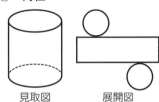

見取図　　　展開図

(3) **角すい・円すい**

① 四角すい

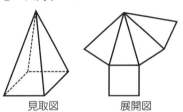

見取図　　　展開図

② 円すい

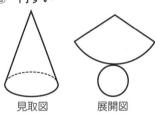

見取図　　　展開図

④ 回転体

(1) **回転体** 平面図形を，1 つの直線（回転軸）を軸として 1 回転させるとき，その図形の動いたあとにできる立体を**回転体**という。

(2) **円柱・円すい・球**

① 円柱

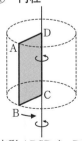

長方形 ABCD を，DC を軸として 1 回転させる。

② 円すい

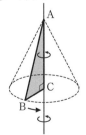

∠C＝90° の直角三角形 ABC を，AC を軸として 1 回転させる。

③ 球

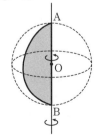

直径 AB の半円を，AB を軸として 1 回転させる。

5 投影図

　立体を1つの方向から見て，平面に表した図を**投影図**という。正面から見たものを**立面図**，真上から見たものを**平面図**，真横から見たものを**側面図**という。投影図は，側面図がなくてもその形をはっきり表すことができる場合は，側面図を省略することもある。

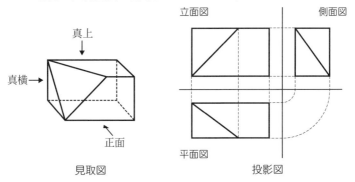

立面図　　　側面図

真上

真横→

正面

見取図　　　　　　　　　平面図　　　投影図

注　投影図をかくには，立体の実際に見える部分は実線（———）を使う。
　　同じ点の平面図，立面図，側面図は破線（--------）で結ぶ。

●**基本問題**●

12. 次の ☐ にあてはまる語句を入れよ。
　(1)　角柱の側面の図形は ☐ ⑦ ☐ で，角すいの側面の図形は ☐ ⑦ ☐ である。
　(2)　円柱の展開図で，その側面の図形は ☐ ⑦ ☐ である。
　(3)　円すいの展開図で，その側面の図形は ☐ ㋑ ☐ である。
　(4)　長方形の1辺を軸として1回転させてできる回転体は ☐ ㋪ ☐ である。
　(5)　∠C が直角の直角三角形 ABC を，辺 AC を軸として1回転させてできる回転体は ☐ ㋕ ☐ である。
　(6)　半円を，その直径を軸として1回転させてできる回転体は ☐ ㋖ ☐ である。

13. 次の図は，
直方体 ABCD–EFGH の
見取図と展開図である。
（　）にあてはまる頂点
を入れよ。

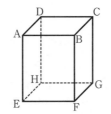
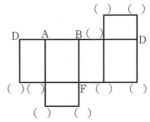

14. 次の(1)～(5)の図形を，直線 ℓ を軸として 1 回転させると，(ア)～(オ)の立体ができる。どれとどれが対応するか。(1)－(ア)のように答えよ。

(1)　　　(2)　　　(3)　　　(4)　　　(5)

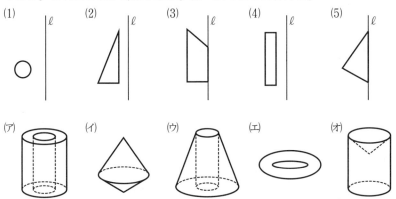

15. 次の図は，ある立体の展開図である。この立体の名前を答えよ。

(1)　　　　　　　　　　　(2)

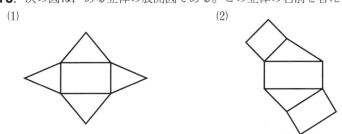

16. 次の図は，ある立体の投影図である。この立体の名前を答え，その見取図をかけ。

(1)　　　　　　　　　　　(2)

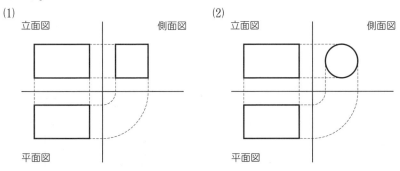

17. 次の図形を，直線 ℓ を軸として1回転させると，どのような立体ができるか。見取図をかけ。

(1)

(2)

(3)

●**例題2**● 図1の立方体 ABCD-EFGH の辺 BF，EF の中点をそれぞれ M，N とするとき，△MNG の3辺を図2の展開図にかき入れよ。

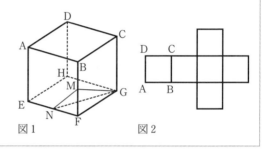

図1　図2

(解説) 図2の展開図に記入されていない頂点をすべてかき入れ，3辺 MN，NG，GM をかく。

(解答)

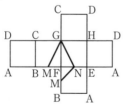

演習問題

18. 図1の立方体 ABCD-EFGH の辺 BF の中点を M とするとき，線分 AM，MG を図2の展開図にかき入れよ。

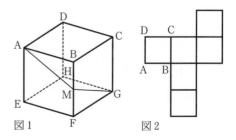

図1　図2

19. 次の図のような立方体 ABCD–EFGH がある。辺 AB，BC の中点をそれぞれ M，N とする。次の展開図に △MBN，△EFG，四角形 EFBM，四角形 BFGN をそれぞれ斜線で示せ。

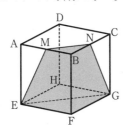

(1)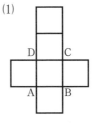

(2)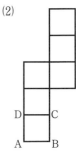

20. 右の展開図を組み立てて立体をつくる。このとき，右の展開図において，次の問いに答えよ。

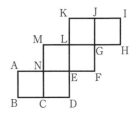

(1) 点 A と重なる点はどれか。

(2) 辺 AB と平行な辺はどれか。

(3) 辺 BC と垂直な面はどれか。

21. 図1の立方体の展開図と同じになるように，図2の展開図に線をかき入れよ。

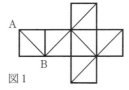

図1

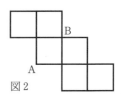

図2

22. 右の図のような正四角すい O–ABCD について，㋐～㋑のうち，次の4つの辺を切ってひろげたときの展開図として正しいものはどれか。

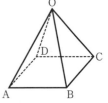

(1) 辺 OA，OB，OC，OD

(2) 辺 OA，OB，AD，BC

(㋐)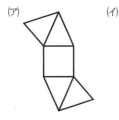

(㋑)

(㋒)

(㋓)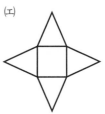

23. 右の図の影の部分の図形を，次の直線
を軸として1回転させてできる立体の見取
図をかけ。

(1) 直線 ℓ

(2) 直線 m

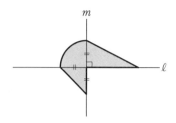

●**例題3**● 図1のような立方体 ABCD–EFGH がある。点 P が辺 BC 上を
動くとき，線分の長さの和 DP＋PF が最小となる点 P を，図2の展開図
にかき入れよ。

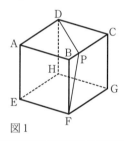

図1

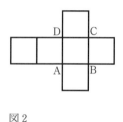

図2

(**解説**) 図2の展開図に記入されていない頂点をすべてかき入れて考える。

辺 BC と線分 DF との交点が P である。

P は線分の長さの和 DP＋PF を最小にする点である。

なぜならば，点 P 以外の辺 BC 上の点を Q とすると，

DQ＋QF＞DF

DF＝DP＋PF より，DQ＋QF＞DP＋PF

なお，△DQF で，2辺の長さの和は，他の1辺の長さより大きい。

このことは，「新 A クラス中学数学問題集2年」（→6章の研究，p.130）でくわしく学
習する。

(**解答**) P は，辺 BC と線分 DF との交点である。

（答） 右の図

(**参考**) △PCD と △PBF は合同であるから，P は辺 BC
の中点である。

(**注**) 立体の表面を動く点があり，この点の経路を考える
問題は，立体の展開図をかいて考えるとよい。そのと
き，動く点の経路が途切れないようにくふうして展開図をかく。

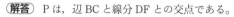

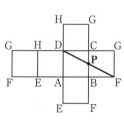

演習問題

24. 図1のような直方体 ABCD–EFGH がある。図2はこの直方体の展開図である。直方体の辺 BF 上に点 P を，辺 CG 上に点 Q をとる。

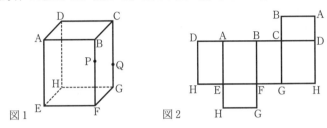

図1　　　　図2

(1) 線分の長さの和 AP＋PG が最小となる点 P を，図2の展開図にかき入れよ。

(2) 線分の長さの和 AP＋PQ＋QH が最小となる点 P，Q を，図2の展開図にかき入れよ。

25. 図1，図2のような円柱があり，AB はその母線である。この円柱の側面にそって，図のように糸をらせん状に長さが最短になるように巻いた。図1は点 A から B へ2回巻き，図2は点 A から B へ1回巻き，さらに，B から A へ同じ向きに1回巻いた。図1，図2のそれぞれについて，円柱の展開図をかき，巻いた糸の線をかき入れよ。

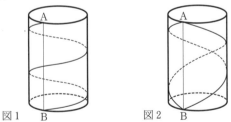

図1　　　　図2

26. 右の図のように，辺の長さがすべて等しい三角すい A–BCD がある。三角すいの辺 BC，BD，AD 上にそれぞれ点 P，Q，R をとる。三角すいの展開図をかき，線分の長さの和 AP＋PQ＋QR＋RC が最小となる点 P，Q，R をかき入れよ。

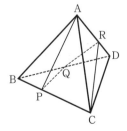

●**例題4**●　次の投影図において，立体の側面図をかけ。

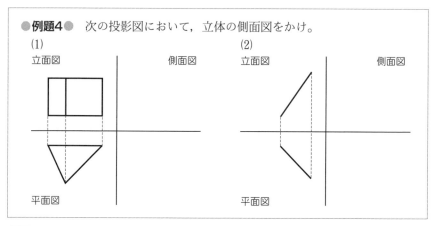

(1)
立面図　　　　　　　　　側面図

平面図

(2)
立面図　　　　　　　　　側面図

平面図

解説　(1)　三角柱の投影図である。同じ点の立面図，平面図，側面図を破線で結ぶ。

(2)　線分の投影図である。線分の投影図では，その立面図，平面図，側面図は線分か点
である。投影図に線分をかくときは，その線分の両端の点の投影図をかいて，それら
を結べばよい。

解答　(1)

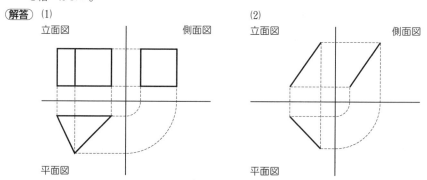

立面図　　　　　　　　　側面図

平面図

(2)
立面図　　　　　　　　　側面図

平面図

演習問題

27. 右の図は，四角すいの投影図である。この四
角すいを，底面に平行な平面Ｐで切ったときの
切り口を平面図にかき入れよ。

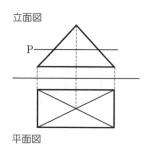

立面図

Ｐ

平面図

28. 次の投影図において，立体の側面図をかけ。

(1)
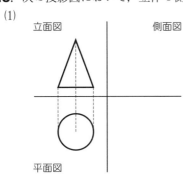

(2)
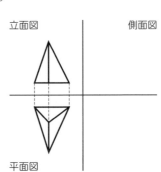

(3)
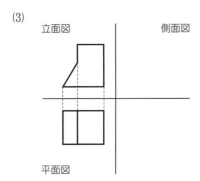

(4)
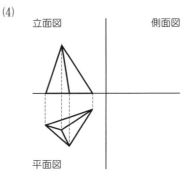

(5)
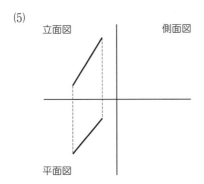

(6)
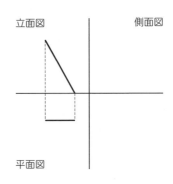

進んだ問題の解法 |||||||||||||||||||||||||||||||||||||||||||||||||||||

||||**問題1** 右の図の立方体 ABCD–EFGH の辺
AB，BC 上にそれぞれ点 P，Q を，

$$AP=\frac{1}{2}AB，\quad BQ=\frac{1}{4}BC \text{ となるようにとる。}$$

この立方体を，次の3点を通る平面で切るとき，
切り口はどのような図形になるか。

(1) 3点 A，C，F　　(2) 3点 A，E，Q　　(3) 3点 E，P，Q

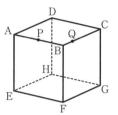

解法 同じ平面上にある2点を結び，切り口の形をかき入れる。
あるいは，3点を通る平面は立方体の他の辺，またはその延
長と交わることがあるかどうか，交わるときは交点がどこか
を考える。

右の図のように，平行な2平面に1つの平面が交わるとき，
その交線を ℓ，m とすると $\ell /\!/ m$ である。

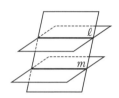

解答 (1) 線分 AC，AF，CF はすべて正方形の対角線である
から，その長さは等しい。
ゆえに，切り口は正三角形 AFC となる。

（答）正三角形

(2) 3点 A，E，Q を通る平面と，辺 FG との交点を R
とする。
平面 AEHD // 平面 BFGC，平面 ABCD // 平面 EFGH
であるから　AE // QR，AQ // ER
また，AE⊥平面 ABCD であるから
∠QAE＝90°
同様に　∠AER＝90°，∠ERQ＝90°，∠RQA＝90°
ゆえに，切り口は長方形 AERQ となる。

（答）長方形

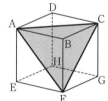

(3) 3点 E，P，Q を通る平面と，辺 FB の延長との交
点を S とし，直線 SQ と辺 FG との交点を T とする。
平面 ABCD // 平面 EFGH であるから
PQ // ET
ゆえに，切り口は台形 PETQ となる。

（答）台形

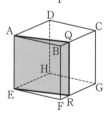

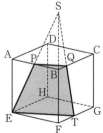

|||||**進んだ問題**|||||

29. 右の図のような立方体 ABCD–EFGH がある。
辺 CD，DA，EF の中点をそれぞれ P，Q，R とす
る。この立方体を，次の3点を通る平面で切るとき，
切り口はどのような図形になるか。

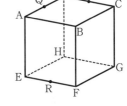

(1) 3点 A，E，P　　(2) 3点 B，Q，E

(3) 3点 P，Q，E　　(4) 3点 P，Q，F

(5) 3点 P，Q，R

30. 次の図のような立体を，3点 P，Q，R を通る平面で切るとき，切り口はど
のような図形になるか。図にかき入れよ。

(1)
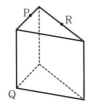

(2)
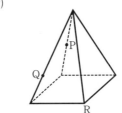

31. 図1のように，底面が
DE＝DF の二等辺三角形であ
る三角柱 ABC–DEF がある。
辺 BE，CF の中点をそれぞれ
P，Q とし，この三角柱を，3
点 A，P，Q を通る平面で切っ
て2つに分ける。頂点 D をふ
くむほうの立体の展開図を図2
に作図し，斜線で示せ。

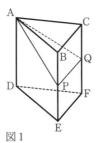

図1

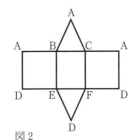

図2

3…多面体

1 **多面体**

平面だけで囲まれた立体を**多面体**という。

多面体の面は，三角形，四角形，五角形，…などの多角形である。多面体は，面の数によって，四面体，五面体，六面体，…という。

2 **正多面体**

(1) 次の性質をもち，へこみのない多面体を**正多面体**という。

① どの面も合同な正多角形である。

② どの頂点にも集まる面の数（辺の数）が等しい。

(2) 正多面体は次の5種類しかない。

正四面体　　　正六面体　　　正八面体　　　正十二面体　　　正二十面体

基本問題

32. 直方体，四角すい，六角柱，八角すいについて，次の問いに答えよ。

(1) 何面体であるか。それぞれ求めよ。

(2) 頂点の数，辺の数，面の数をそれぞれ求めよ。

(3) （頂点の数）－（辺の数）＋（面の数）の値をそれぞれ求めよ。

注 多面体の頂点，辺，面の数の間に（頂点の数）－（辺の数）＋（面の数）＝2 の関係がある。このことを**オイラーの多面体定理**という。

33. 立方体の各面における対角線の交点を結んでできる多面体の名前を答えよ。

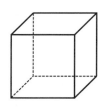

34. 次の □ にあてはまる語句または数を入れよ。

(1) 頂点の数が 10 の角柱は │(ア)│ 角柱である。

(2) 辺の数が 12 の角すいは │(イ)│ 角すいである。

(3) 面の数が最も少ない多面体は │(ウ)│ 面体である。

(4) 面が 7 つある角柱の辺の数は │(エ)│ である。

(5) 正多面体を面の数が少ない順にあげると，│(オ)│，│(カ)│，│(キ)│，
│(ク)│，│(ケ)│ の 5 種類がある。また，それぞれの面の形は │(コ)│，
│(サ)│，│(シ)│，│(ス)│，│(セ)│ である。

35. 右の図のような合同な正三角形 4 個でできた展開図
を組み立ててできる立体について，次の問いに答えよ。

(1) この立体は正何面体か。

(2) 辺 AF とねじれの位置にある辺を答えよ。

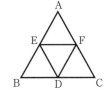

●**例題5**● 右の図のように，正十二面体は，各面
が正五角形で，各頂点には面が 3 つずつ集まって
いる。このことを利用して，正十二面体の辺の数
と頂点の数を求めよ。

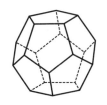

(解説) 12 個の正五角形の辺と頂点の総数を求め，重なっている辺と頂点の数を考える。

(解答) 12 個の正五角形の辺の総数は　12×5＝60

各面の辺が 2 本ずつ重なっているから，

正十二面体の辺の数は　60÷2＝30

また，12 個の正五角形の頂点の総数は　12×5＝60

各頂点には面が 3 つずつ集まっているから，

正十二面体の頂点の数は　60÷3＝20

(答)　辺の数 30，頂点の数 20

演習問題

36. 正八面体と正二十面体について，次の問いに答えよ。

(1) 1 つの頂点に集まっている正三角形の数をそれぞれ求めよ。

(2) 辺の数と頂点の数をそれぞれ求めよ。

37. 右の図のような合同な正三角形8個でできた
展開図を組み立てて立体をつくる。このとき，右
の展開図において，次の問いに答えよ。

(1) この立体の見取図をかけ。

(2) 点Bと重なる点はどれか。

(3) 辺AJと重なる辺はどれか。

(4) 辺CDと平行な辺はどれか。

(5) 面FGIと平行な面はどれか。

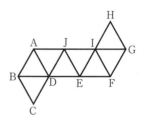

38. 同じ大きさの正四面体を右の図のようにつなげる
と，どの面も合同な正三角形の六面体ができる。この
立体を正六面体とはいえない理由をいえ。

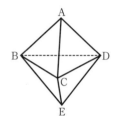

39. 右の図の正五角すいV–ABCDEについて，次の問いに答えよ。

(1) 頂点の数，辺の数，面の数を求めよ。

(2) 辺VA上の点Pを通り底面に平行な平面で切り，
頂点Vをふくむほうの立体を取り除く。このとき，
残りの立体の頂点，辺，面の数は，もとの正五角す
いよりそれぞれいくつ増えるか。

また，（頂点の数）−（辺の数）＋（面の数）の値が
もとの正五角すいの値と等しいことを説明せよ。

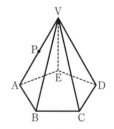

40. 正二十面体の1つの頂点に集まる5つの辺の3等分
点のうち，頂点に近いほうの点を結んでできる正五角形
をふくむ平面で正二十面体を切り，頂点のあるほうを取
り除く。正二十面体のすべての頂点について，同じこと
を行うと，右下の図のような多面体ができる。

この多面体について，次の問いに答えよ。

(1) 正六角形と正五角形の面の数を求めよ。

(2) 辺の数と頂点の数を求めよ。

(3) この多面体を正多面体とはいえない理由をいえ。

4…表面積と体積

1 **角柱**

（表面積）＝（底面積）×2＋（側面積）

（体積）＝（底面積）×（高さ）

底面積 s，高さ h の角柱の体積
を V とすると，

$$V = sh$$

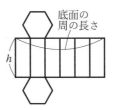
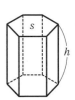

2 **円柱**

（表面積）＝（底面積）×2＋（側面積）

（体積）＝（底面積）×（高さ）

底面の半径 r，高さ h の円柱の表
面積を S，体積を V とすると，

$$S = 2\pi r^2 + 2\pi rh$$

$$V = \pi r^2 h$$

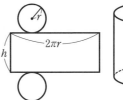

3 **角すい**

（表面積）＝（底面積）＋（側面積）

（体積）＝$\dfrac{1}{3}$×（底面積）×（高さ）

底面積 s，高さ h の角すいの体積
を V とすると，

$$V = \frac{1}{3}sh$$

4 **円すい**

（表面積）＝（底面積）＋（側面積）

（体積）＝$\dfrac{1}{3}$×（底面積）×（高さ）

底面の半径 r，母線の長さ d，高さ
h の円すいの表面積を S，体積を V
とすると，

$$S = \pi r^2 + \pi rd \left(= \pi r^2 + \pi d^2 \times \frac{2\pi r}{2\pi d} \right)$$

$$V = \frac{1}{3}\pi r^2 h$$

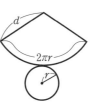

⑤　球

　　（表面積）＝$4 \times \pi \times$（半径）^{2}

　　（体積）＝$\dfrac{4}{3} \times \pi \times$（半径）^{3}

　　半径 r の球の表面積を S，体積を V とすると，

$$S = 4\pi r^2 \qquad V = \frac{4}{3}\pi r^3$$

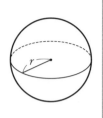

●基本問題●

41. 次の立体の表面積と体積を求めよ。

　(1)　底面が 1 辺 6cm の正方形で，高さ 4cm の正四角柱

　(2)　底面の半径 2cm，高さ 5cm の円柱

　(3)　半径 2cm の球

42. 右の図の直角三角形を，直線 ℓ を軸として 1 回転させてできる立体の表面積と体積を求めよ。

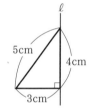

43. 右の展開図で表される円すいについて，底面の半径と表面積を求めよ。

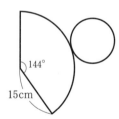

44. 右の投影図で表される立体について，表面積と体積を求めよ。

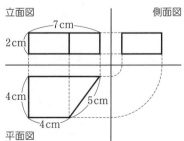

●**例題6**● 右の図のような直方体 ABCD-EFGH がある。AB＝4cm，AD＝5cm，AE＝3cm のとき，四面体 BDEG の体積を求めよ。

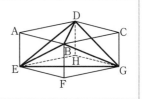

解説 直方体 ABCD–EFGH から 4 つの四面体 BAED，BEFG，BCDG，DEGH を取り除いた残りの立体が求める四面体 BDEG である。

解答 直方体 ABCD–EFGH の体積は

$$4 \times 5 \times 3 = 60$$

4 つの四面体 BAED，BEFG，BCDG，DEGH の体積はすべて

$$\frac{1}{3} \times \left(\frac{1}{2} \times 4 \times 5 \right) \times 3 = 10$$

よって，4 つの四面体の体積の和は　10×4＝40

ゆえに，四面体 BDEG の体積は　　60－40＝20　　　　　　（答）　20cm³

演習問題

45. 次の図で，直線 ℓ を軸として 1 回転させてできる立体の見取図をかけ。また，その立体の体積を求めよ。

(1)

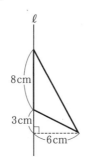

(2)

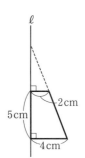

(3)

46. 次の図のような，円柱，半球，円すいがある。円柱，円すいの底面の半径と高さ，および半球の半径の長さがすべて等しいとき，円柱，半球，円すいの体積の比を求めよ。

47. 右の図の三角柱 ABC–DEF の表面積は 288 cm² である。

(1) 辺 AD の長さを求めよ。

(2) この三角柱の体積を求めよ。

(3) この三角柱を，辺 AD を軸として 1 回転させてできる立体の体積を求めよ。

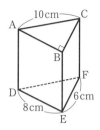

48. 図 1 のように，水のはいった直方体の容器がある。

(1) 図 2 のように，図 1 の容器を横にしたとき，水の高さを求めよ。

(2) 図 3 のように，図 1 の容器を傾けたとき，面 AEFB の水に接している部分の面積を求めよ。

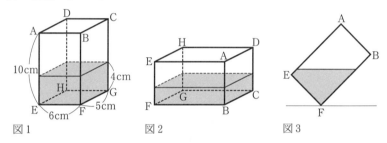

図 1   図 2   図 3

49. 次の図のように，直径 8 cm，高さ 10 cm の円柱形の容器に，水がいっぱいに満たされている。この容器の中に直径 6 cm の球をゆっくり沈めて，ゆっくり取り出した。容器の中に残った水の高さを求めよ。

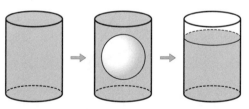

50. 図 1 は，1 辺の長さが 1 cm の立方体 7 個からなる立体である。また，図 2 は，それを伸縮性のあるラップで包んでできる立体である。図 2 の立体の体積を求めよ。

図 1   図 2

51. 図1のように，1辺の長さが10cm
の正方形 ABCD からおうぎ形 ABD を
切り取る。残った影の部分の図形を底面
とし，図2のように，高さ10cmの立
体をつくる。

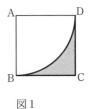
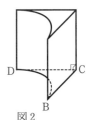

(1) この立体の体積を求めよ。

(2) この立体の表面積を求めよ。

図1　　図2

52. 右の図の円すいで，O は底面の中心で OA＝OB＝2cm，
OP＝4cm，∠AOB＝120° である。

この円すいを，3点 A，B，P を通る平面で切って2つに
分けたとき，底面の中心 O をふくまない部分を，線分 OP
を軸として1回転させてできる立体の体積を求めよ。

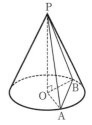

進んだ問題の解法

||||**問題2**　右の図は，1辺の長さが4cm の立方体
ABCD–EFGH である。辺 AD，CD の中点をそ
れぞれ P，Q とする。

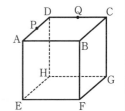

(1) この立方体を，3点 P，H，Q を通る平面で
切って2つに分けるとき，頂点 D をふくむほ
うの立体の体積を求めよ。

(2) この立方体を，3点 P，E，Q を通る平面で
切って2つに分けるとき，頂点 D をふくむほうの立体の体積を求めよ。

|解法|　切り口の形をかき入れて，切ったときにできる立体の形を考える。

|解答|　(1) 三角すい H–DPQ の体積を求める。

$$（三角すい H\text{–}DPQ の体積）=\frac{1}{3}\times\triangle DPQ\times HD$$

$$=\frac{1}{3}\times\left(\frac{1}{2}\times2^2\right)\times4=\frac{8}{3}$$

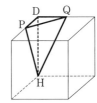

（答）　$\frac{8}{3}$cm^3

(2) 3点P，E，Qを通る平面と辺HDの延長との交点
をRとする。求める立体の体積は，右の図のような
五面体の体積である。

DP＝2，HE＝4，DH＝4 であるから　RD＝4

（三角すい R–HEG の体積）＝$\frac{1}{3} \times \left(\frac{1}{2} \times 4^2 \right) \times 8 = \frac{64}{3}$

（三角すい R–DPQ の体積）＝$\frac{1}{3} \times \left(\frac{1}{2} \times 2^2 \right) \times 4 = \frac{8}{3}$

（五面体の体積）＝$\frac{64}{3} - \frac{8}{3} = \frac{56}{3}$　　　（答）　$\frac{56}{3}$cm³

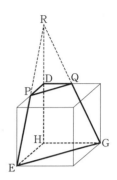

別解 (2)　（五面体の体積）＝（三角すい P–EGH の体積）＋（四角すい P–DHGQ の体積）

$$= \frac{1}{3} \times \left(\frac{1}{2} \times 4^2 \right) \times 4 + \frac{1}{3} \times \left\{ \frac{1}{2} \times (2+4) \times 4 \right\} \times 2$$

$$= \frac{56}{3}$$

（答）　$\frac{56}{3}$cm³

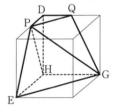

|||||**進んだ問題**|||||

53. 右の図は，1辺の長さが2cmの立方体 ABCD–
EFGH である。辺 AD，CD，EF の中点をそれぞ
れ P，Q，R とする。

(1) この立方体を，3点 A，F，C を通る平面で切っ
て2つに分けるとき，頂点 D をふくむほうの立
体の体積を求めよ。

(2) この立方体を，3点 P，Q，R を通る平面で切っ
て2つに分けるとき，頂点 B をふくむほうの立体の体積を求めよ。

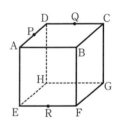

54. 右の図は，底面が直角三角形である三角柱 ABC–DEF
であり，P，Q，R はそれぞれ辺 AD，BE，CF 上の点で
ある。この三角柱を，3点 P，Q，R を通る平面で切って2
つに分ける。∠ABC＝90°，AB＝4cm，BC＝6cm，
AD＝12cm，PD＝6cm，QE＝5cm，RF＝9cm のとき，
頂点 D をふくむほうの立体の体積を求めよ。

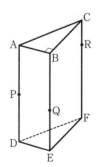

6章の問題

1 空間で，次の(ア)〜(カ)のうち，正しいものをすべて答えよ。

ただし，ℓ，m，n は異なる直線を，P，Q，R は異なる平面を表す。

(ア) $\ell /\!/ P$ かつ $m /\!/ P$ ならば $\ell /\!/ m$ である。

(イ) $P /\!/ Q$ かつ $P \perp R$ ならば $Q \perp R$ である。

(ウ) $P \perp Q$ かつ $Q \perp R$ ならば $P /\!/ R$ である。

(エ) $\ell /\!/ P$ かつ $\ell /\!/ Q$ ならば，P，Q の交線を m とすると $\ell /\!/ m$ である。

(オ) ℓ と m はねじれの位置にあり，m と n もねじれの位置にあるならば，ℓ と n もねじれの位置にある。

(カ) ℓ と m はねじれの位置にあり，P が m をふくむとき，$\ell /\!/ P$ である。

2 右の図のように，半径 15cm，弧の長さ 16π cm のおうぎ形 OAB がある。$\overset{\frown}{AB}$ 上に点 C をとり，線分 OC によっておうぎ形を 2 つに分け，それぞれをまるめて円すいの形をした容器をつくったところ，底面の半径の差が 1cm であった。

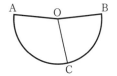

このとき，小さいほうのおうぎ形の中心角の大きさを求めよ。

3 次の展開図で立方体をつくるとき，番号をつけた辺と重なる辺に同じ番号を，記号をつけた頂点と重なる頂点に同じ記号をつけよ。また，面 P と向かい合う面に記号 Q をかき入れよ。

(1)
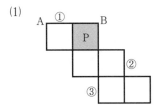

(2)
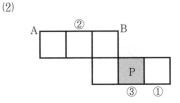

4 右の図のように，1 辺の長さが 5cm の正方形 ABCD の紙があり，辺 BC の中点を E とする。この正方形の紙を，線分 AE を折り目の 1 つとして折って三角すいをつくりたい。

(1) 残りの折り目を右の図にかき入れよ。

(2) 三角すいの体積を求めよ。

5 右の図は，1辺の長さが6cmの立方体 ABCD–
EFGH である。点 P は頂点 A を出発し，A から B
まで，辺 AB 上を動き，点 Q は頂点 B を出発し，B
から C，C から D まで，辺 BC，CD 上を動く。点
R は頂点 E を出発し，E から F，F から B まで，
辺 EF，FB 上を動く。3点 P，Q，R は同時に出発
し，その速さはそれぞれ秒速1cm，3cm，2cm で
ある。

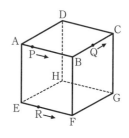

(1) 出発してから1秒後の三角すい B–PQR の体積を求めよ。

(2) 出発してから3.5秒後の三角すい B–PQR の体積を求めよ。

6 右の図のように，正方形と二等辺三角形を合わ
せた図形がある。この図形を，次の直線を軸として
1回転させてできる立体の見取図をかけ。また，そ
の立体の体積を求めよ。

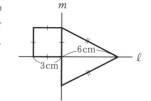

(1) 直線 ℓ

(2) 直線 m

7 図1は，∠A＝∠D＝90°，AB＝8cm，BC＝CD＝5cm，DA＝4cm の台
形 ABCD である。また，図2は，この台形 ABCD を，辺 AB を軸として1回
転させてできる立体と，形，大きさが同じ容器の見取図である。

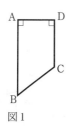 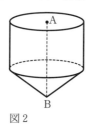 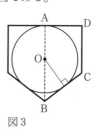

図1　　　　　図2　　　　　図3

(1) 図2の容器の体積を求めよ。

(2) 図3は，この容器の中に容器の上面と円すい部分の側面に接するような球
O を入れ，軸 AB をふくむ平面で切ったときの断面図である。このとき，
球 O の半径を求めよ。

8 右の図の台形 ABCD を，辺 BC を軸
として1回転させて立体をつくる。この立
体を平らな机の上ですべらないように転が
したところ，何回転かしてもとの位置にもどった。

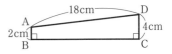

(1) この立体は何回転すると，もとの位置にもどるか。

(2) この立体の側面が通ったあとの面積を求めよ。

9 右の図の三角すい O-ABC を，辺 OA を軸として
1回転させるとき，△OBC が通る部分の体積を求め
よ。

　　ただし，OA⊥△ABC，AB⊥BC とする。

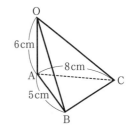

||||| **進んだ問題** |||||

10 右の図の直方体 ABCD-EFGH の辺 AE，BF 上
に，それぞれ点 P，Q を，AP=$\frac{1}{2}$PE，BQ=2QF と
なるようにとる。この直方体を，3点 D，P，Q を通
る平面で切って2つに分ける。

　　AB=4cm，AD=5cm，AE=6cm のとき，頂点 E
をふくむほうの立体の体積を求めよ。

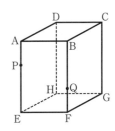

11 右の図のように，1辺の長さが1cm の立方体
ABCD-EFGH がある。

(1) 4つの頂点 A，C，F，H を結んでできる立体
の体積を求めよ。

(2) (1)の立体と4つの頂点 B，D，E，G を結んで
できる立体の共通する部分の体積を求めよ。

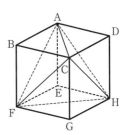

データの整理

1…度数分布表

1 **度数分布**

　表1は，ある月の東京の1日の平均気温の記録を整理したものである。

(1) **データ**　平均気温のように，ある特性を表す数量を**変量**といい，調査などから得られた変量の測定値の集まりを**データ**という。

(2) **階級**　データを整理するために，変量の値を区切って設けたそれぞれの区間を**階級**といい，階級における区間の大きさを**階級の幅**という。また，階級の中央の値を**階級値**という。

表1　度数分布表

階級(℃)	度数(日)
以上　未満	
8 ～ 10	3
10 ～ 12	7
12 ～ 14	3
14 ～ 16	6
16 ～ 18	5
18 ～ 20	4
20 ～ 22	2
計	30

(3) **度数**　それぞれの階級に属しているデータの個数をその階級の**度数**といい，度数の合計を総度数という。

(4) **度数分布表**　表1のように，データを整理して，階級ごとの度数を示した表を**度数分布表**という。

2 **度数分布のグラフ**

(1) **ヒストグラム（柱状グラフ）**　図1のように，横軸に変量，縦軸に度数をとり，階級の幅を底辺，度数を高さとする柱状のグラフである。それぞれの柱（長方形）の面積は，階級の度数に比例している。

　図1は，表1のヒストグラムである。

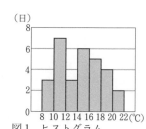

図1　ヒストグラム

(2) **度数折れ線（度数分布多角形）** 図2の
ように，階級値に対して度数をとり，順
に結んだ折れ線グラフである。両端の階
級の左右に度数0の階級があるとみなす。

　度数折れ線の内部の面積は，ヒストグ
ラムの柱の面積の和に等しい。

　図2は，表1の度数折れ線である。

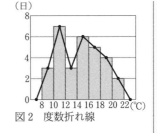
図2　度数折れ線

③ **累積度数**

　最小の階級から各階級までの度数の合計を**累積度数**という。

　表2は，累積度数を表1に加えた表である。

④ **累積度数のグラフ**

　図3のように，累積度数のヒストグラムの1つ1つの長方形の右上の
頂点を結んだ折れ線グラフを**累積度数折れ線**という。左端に度数0の階
級があるとみなす。

　図3は，表2の累積度数折れ線である。

表2

階級(℃)		度数(日)	累積度数(日)
以上	未満		
8 ～	10	3	3
10 ～	12	7	10
12 ～	14	3	13
14 ～	16	6	19
16 ～	18	5	24
18 ～	20	4	28
20 ～	22	2	30
計		30	

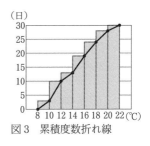
図3　累積度数折れ線

●**基本問題**●

1. 上の表2の度数分布表を見て，次の問いに答えよ。

(1) 14℃ 以上 16℃ 未満の階級の階級値を求めよ。

(2) 12℃ 以上 18℃ 未満の日数は何日か。

(3) 18℃ 未満の日数は，全体の何 % か。

●**例題1**● 次の表は，ある都市の 1 か月間における 1 日の平均湿度の記録である。このデータをもとにして，次の問いに答えよ。

(1) 度数分布表，ヒストグラム，度数折れ線をつくれ。

(2) (1)の度数分布表に累積度数のらんをつけ加え，表を完成せよ。また，累積度数折れ線をつくれ。

日	1日	2日	3日	4日	5日	6日	7日	8日	9日	10日
湿度(%)	35	46	55	30	37	49	31	40	41	47
日	11日	12日	13日	14日	15日	16日	17日	18日	19日	20日
湿度(%)	76	59	61	87	65	64	71	64	68	66
日	21日	22日	23日	24日	25日	26日	27日	28日	29日	30日
湿度(%)	67	77	94	72	68	77	94	78	69	74

解説 (1) 度数分布表をつくるとき，階級の幅が小さすぎたり大きすぎたりすると，全体のようすがわかりにくくなる。階級の幅のとり方はデータによって異なる。

データの個数が多いときには，階級の数が 10 から 20 となるように，階級の幅をとることが多い。データの個数が 100 個以下のときには，階級の数が 10 以下となるようにとるのがよい。ふつう，それぞれの階級の幅は等しくする。

解答 (1), (2)

階級(%)		度数(日)	累積度数(日)
以上	未満		
30 ～	40	4	4
40 ～	50	5	9
50 ～	60	2	11
60 ～	70	9	20
70 ～	80	7	27
80 ～	90	1	28
90 ～	100	2	30
計		30	

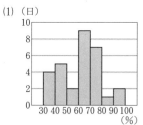

(1) (日)

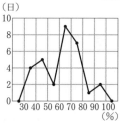

(2) (日)

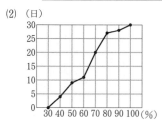

演習問題

2. 次のデータは，ある中学校の 1 年 1 組の生徒 40 人について実施した数学の
テストの得点である。

59	85	78	72	43	71	83	53	65	74
98	87	70	90	73	77	82	75	63	71
45	69	51	68	75	98	71	62	56	85
71	80	60	87	53	47	52	88	62	93

(1) 階級を 40 点以上 50 点未満，50 点以上 60 点未満，…として，度数分布表，
ヒストグラム，度数折れ線をつくれ。

(2) (1)の度数分布表に累積度数のらんをつけ加え，表を完成せよ。また，累積
度数折れ線をつくれ。

3. 右の図は，中学 1 年生の男子 20 人の立ち幅
跳びの記録から，階級を 120 cm 以上 140 cm
未満，140 cm 以上 160 cm 未満，…としてつくっ
た度数折れ線である。

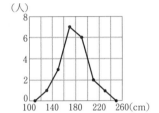

(1) 記録が 200 cm 以上の生徒は何人いるか。

(2) 記録が 180 cm 未満の生徒は何人いるか。

(3) 記録が 160 cm 以上 220 cm 未満の生徒は，
全体の何 % か。

4. 次の(1)〜(4)のヒストグラムは，ある 4 つの中学校の 1 年生が受けた共通テス
トのそれぞれの結果を表したものである。それぞれのヒストグラムの説明とし
て最も適当なものを下の(ア)〜(エ)から選び，(1)−(ア)のように答えよ。

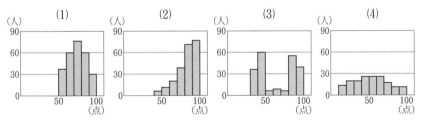

(ア) 生徒の学力に大きな差ができているようだ。

(イ) 生徒の学力が比較的まとまっているようだ。

(ウ) 学力の低い生徒と高い生徒に，はっきり分かれてしまった。

(エ) 大部分の生徒には問題がやさしかったようだ。

2…相対度数

1 相対度数

$$（相対度数）=\frac{（各階級の度数）}{（総度数）}$$

2 相対度数分布表

表3のように，階級ごとの相対度数を示した表を**相対度数分布表**という。

表3は，表1（→ p.160）についての相対度数分布表である。

表3 相対度数分布表

階級（℃）	度数（日）	相対度数
以上　未満 8 ～ 10	3	0.10
10 ～ 12	7	0.23
12 ～ 14	3	0.10
14 ～ 16	6	0.20
16 ～ 18	5	0.17
18 ～ 20	4	0.13
20 ～ 22	2	0.07
計	30	1.00

3 相対度数分布のグラフ

表3の相対度数分布表をもとにヒストグラムをつくると，図4のようになる。同様に，相対度数分布表をもとに**相対度数折れ線**をつくると，図5のようになる。

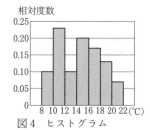

図4　ヒストグラム

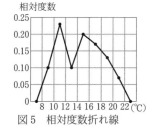

図5　相対度数折れ線

4 累積相対度数

最小の階級から各階級までの相対度数の合計を**累積相対度数**という。

表4は，表3に累積相対度数を加えた表である。

表4

階級（℃）	度数（日）	相対度数	累積相対度数
以上　未満 8 ～ 10	3	0.10	0.10
10 ～ 12	7	0.23	0.33
12 ～ 14	3	0.10	0.43
14 ～ 16	6	0.20	0.63
16 ～ 18	5	0.17	0.80
18 ～ 20	4	0.13	0.93
20 ～ 22	2	0.07	1.00
計	30	1.00	

5 累積相対度数のグラフ

表4をもとに**累積相対度数折れ線**をつくると，図6のようになる。

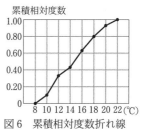

図6 累積相対度数折れ線

● **基本問題** ●

5. 右の表は，中学1年生の女子25人の立ち幅跳びの記録を整理したものである。それぞれの階級の相対度数を求め，表を完成せよ。

階級(cm)		度数(人)	相対度数
以上	未満		
110 ~	130	2	
130 ~	150	6	
150 ~	170	9	
170 ~	190	5	
190 ~	210	2	
210 ~	230	1	
計		25	1.00

● **例題2** ● 例題1の，ある都市の1か月間における1日の平均湿度の記録をもとにして，次の問いに答えよ。

(1) 相対度数分布表と相対度数折れ線をつくれ。ただし，相対度数は，四捨五入して小数第2位まで求めよ。

(2) (1)の相対度数分布表に累積相対度数のらんをつけ加え，表を完成せよ。また，累積相対度数折れ線をつくれ。

解説 (1) 相対度数は，小数第3位を四捨五入して小数第2位まで求める。

（解答）(1), (2)

階級(%)		度数(日)	相対度数	累積相対度数
以上	未満			
30 ～	40	4	0.13	0.13
40 ～	50	5	0.17	0.30
50 ～	60	2	0.07	0.37
60 ～	70	9	0.30	0.67
70 ～	80	7	0.23	0.90
80 ～	90	1	0.03	0.93
90 ～	100	2	0.07	1.00
計		30	1.00	

(1)　相対度数

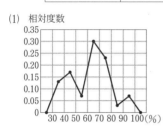

(2)　累積相対度数

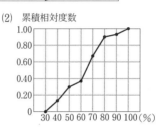

演習問題

6. 右の表は，生徒 40 人の通学時間の度数分布表である。

(1)　この度数分布表に相対度数と累積相対度数のらんをつけ加え，表を完成せよ。

(2)　相対度数折れ線と累積相対度数折れ線をつくれ。

階級(分)		度数(人)
以上	未満	
4 ～	7	4
7 ～	10	6
10 ～	13	8
13 ～	16	10
16 ～	19	8
19 ～	22	2
22 ～	25	2
計		40

7. 右の図は，中学 1 年生の男子 20 人の 50m 走の記録から，階級を 6.5 秒以上 7.0 秒未満，7.0 秒以上 7.5 秒未満，…としてつくった相対度数折れ線である。

(1)　記録が 8.0 秒未満の生徒は，全体の何 % か。

(2)　記録が 7.5 秒以上 9.0 秒未満の生徒は何人か。

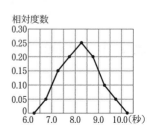

3…代表値と範囲

> 1 **代表値**
>
> データ全体の傾向や特徴を1つの数値で表すことができれば便利である。このような数値を代表値という。代表値には，平均値，中央値（メジアン），最頻値（モード）がある。
>
> (1) **平均値** データの値の合計を総度数で割った値を**平均値**という。
>
> $$（平均値）＝\frac{（データの値の合計）}{（データの総度数）}$$
>
> (2) **中央値（メジアン）** データを値の大きさの順に並べたとき，その中央の値を，**中央値**または**メジアン**という。データの総度数が偶数個のとき，中央にある2つの値の平均値を中央値とする。
>
> (3) **最頻値（モード）** データを整理したとき，度数が最も多い値，または度数分布表で度数が最も多い階級の階級値を，**最頻値**または**モード**という。
>
> 2 **範囲（レンジ）**
>
> データの散らばり具合を表す数値で，データの最大値と最小値の差を**範囲**または**レンジ**という。
>
> $$（範囲）＝（最大値）－（最小値）$$
>
> **注** 度数分布表が与えられたときには，データの最大値がふくまれる階級の上端の値と，データの最小値がふくまれる階級の下端の値の差をとる。

基本問題

8. サッカーの9試合について，各試合の合計得点を少ない順に並べたところ，次のような結果になった。合計得点の平均値，中央値，最頻値，範囲を求めよ。

    0 0 0 1 1 2 3 3 3 5

9. 友人20人に，この1か月間に読んだ本の冊数をたずねたところ，次のような結果（単位は冊）になった。読んだ本の冊数の平均値，中央値，最頻値，範囲を求めよ。

    5 2 3 3 6 4 2 4 3 6
    1 5 3 3 4 2 5 3 4 4

10. 友人20人に，1か月のこづかいの額をたずねたところ，次のような結果（単位は千円）になった。こづかいの額の平均値，中央値，最頻値，範囲を求めよ。

| 3 | 2 | 1.5 | 3.5 | 3 | 3.5 | 2 | 4 | 1.5 | 5 |
| 4 | 2 | 3.5 | 3 | 3 | 3.5 | 4 | 3 | 3.5 | 3.5 |

●**例題3**● 右の表は，生徒40人の50m走の記録の度数分布表である。平均値，最頻値，範囲を求めよ。

階級（秒）	度数（人）
以上　　未満	
6.5 ～ 7.0	2
7.0 ～ 7.5	3
7.5 ～ 8.0	6
8.0 ～ 8.5	6
8.5 ～ 9.0	10
9.0 ～ 9.5	6
9.5 ～ 10.0	4
10.0 ～ 10.5	3
計	40

（**解説**）度数分布表から平均値を求めるには，次のようにする。

同じ階級に属しているデータはすべてその階級値をもっていると考え，（階級値×度数）の合計を総度数で割って平均値を求める。

$$（平均値）=\frac{（階級値×度数）の合計}{（総度数）}$$

（**解答**）度数分布表の最も右のらんに（階級値 x）×（度数 f）の値を記入すると，右の表のようになる。

$x×f$ の合計は344.00であるから，平均値は

$$\frac{344.00}{40}=8.6$$

データの最大値をふくむ階級の上端は10.5秒，データの最小値をふくむ階級の下端は6.5秒であるから，範囲は

$$10.5-6.5=4.0$$

階級（秒）	階級値 x	度数 f	$x×f$
以上　　未満			
6.5 ～ 7.0	6.75	2	13.50
7.0 ～ 7.5	7.25	3	21.75
7.5 ～ 8.0	7.75	6	46.50
8.0 ～ 8.5	8.25	6	49.50
8.5 ～ 9.0	8.75	10	87.50
9.0 ～ 9.5	9.25	6	55.50
9.5 ～ 10.0	9.75	4	39.00
10.0 ～ 10.5	10.25	3	30.75
計		40	344.00

（答） 平均値 8.6秒，最頻値 8.75秒，範囲 4.0秒

参考 平均値を計算するとき，平均値に近いと思われる数値を仮の平均値と考え，階級値から仮の平均値をひいた値の平均値を求めることにより，計算を簡単にすることができる。このような仮の平均値を**仮平均**という。

階級(秒)	階級値 x	度数 f	$x-8.75$	$(x-8.75) \times f$
以上　　　未満 6.5 〜　7.0	6.75	2	-2.0	-4.0
7.0 〜　7.5	7.25	3	-1.5	-4.5
7.5 〜　8.0	7.75	6	-1.0	-6.0
8.0 〜　8.5	8.25	6	-0.5	-3.0
8.5 〜　9.0	8.75	10	0.0	0.0
9.0 〜　9.5	9.25	6	0.5	3.0
9.5 〜 10.0	9.75	4	1.0	4.0
10.0 〜 10.5	10.25	3	1.5	4.5
計		40		-6.0

例題3において，仮平均を8.75秒とすると，上の表より，平均値は，

$$8.75 + \frac{-6.0}{40} = 8.6 \,(秒)$$

となる。

なお，仮平均を他の数値にしても，平均値は変わらない。

演習問題

11. 右の表は，生徒40人の通学時間の度数分布表である。通学時間の平均値，最頻値，範囲を求めよ。

階級(分)	度数(人)
以上　　未満 4 〜　7	4
7 〜 10	6
10 〜 13	8
13 〜 16	10
16 〜 19	8
19 〜 22	2
22 〜 25	2
計	40

7章の問題

1 右の図は，ある会社の従業員 50 人の通勤
時間を調べてつくった度数折れ線である。

(1) 度数が 13 の階級値を求めよ。

(2) 通勤時間が 60 分以上かかる従業員は，全
体の何 % か。

(3) 最頻値を求めよ。

(4) 通勤時間の平均値を求めよ。

2 一郎さんの家では，みかんを栽培
している。収穫したみかんの中から，
かたよりがないように 500 個取り出し，
サイズ別に分けてから，重さと個数を
調べた。右の表は，各サイズのみかん
の重さの平均と，そのサイズの個数の
相対度数を求めた表である。

サイズ	1個の重さの平均	相対度数
S	83 g	0.23
M	100 g	0.28
L	125 g	x
2L	166 g	0.12
3L	250 g	0.05
計		1.00

(1) 表の中にある x の値を求めよ。

(2) S サイズのみかん 5kg 入りの箱の中に，みかんはおよそ何個はいってい
るか。

(3) 一郎さんの家では，1 日 4500 個のみかんを収穫する。量販店から，5kg
入りみかん箱で S，M，L サイズをそれぞれ 15 箱，30 箱，25 箱の注文があっ
た。注文に応じることのできるみかんのサイズをすべて答えよ。

3 右の表は，ある組の生徒 40 人について実施した社会の
テストの得点の度数分布表である。このテストの問題は全部
で 3 題あり，配点は第 1 問は 20 点，第 2 問は 30 点，第 3 問
は 50 点で，合計 100 点である。

得点	人数
20	3
30	2
50	13
70	9
80	7
100	6
計	40

(1) 得点の最頻値はいくらか。

(2) 得点の平均値を求めよ。

(3) 得点が 70 点以上の生徒は，この組の何 % か。

(4) 第 3 問の正解者が 24 人であるとき，次の問いに答えよ。

　(i) 第 3 問だけ正解した生徒は何人か。

　(ii) 3 題のうち，2 題だけ正解した生徒は何人か。

4 次の A の(1)〜(5)は度数分布を表すヒストグラムであり，B の(ア)〜(オ)は A のいずれかの度数分布をもとにしてかいた累積度数折れ線である。A のそれぞれのヒストグラムに，B のどの累積度数折れ線が対応するか。(1)−(ア)のように答えよ。

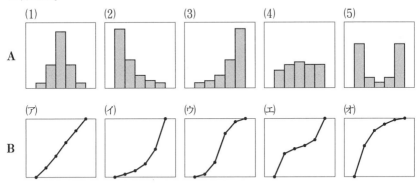

5 次の図は，校内競歩大会で 3km 歩いたときのクラス別の記録をヒストグラムで表したものである。参加人数は，A 組が 32 人，B 組が 31 人であった。これらの図を比較した内容として正しいものを，下の(ア)〜(オ)からすべて選べ。

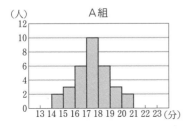
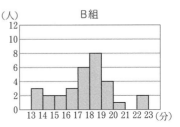

(ア)　最頻値が大きいのは A 組である。

(イ)　範囲が大きいのは B 組である。

(ウ)　平均値・中央値・最頻値の 3 つの値が，ほぼ同じになるのは B 組である。

(エ)　中央値がふくまれる階級は，A 組も B 組も同じである。

(オ)　14 分以上 15 分未満の階級の相対度数は，A 組のほうが B 組より大きい。

著者

市川　博規　　東邦大付属東邦中・高校講師

久保田顕二　　桐朋中・高校教諭

中村　直樹　　駒場東邦中・高校教諭

成川　康男　　玉川大学教授

深瀬　幹雄　　筑波大附属駒場中・高校元教諭

牧下　英世　　芝浦工業大学教授

町田多加志　　筑波大附属駒場中・高校副校長

矢島　弘　　　桐朋中・高校教諭

吉田　稔　　　駒場東邦中・高校元教諭

協力

木部　陽一　　開成中・高校教諭

新Aクラス中学数学問題集1年（6訂版）

発行者　斎藤　亮　　　　　　　　　　　　　　　2021年 2 月　初版発行

発行所　**昇龍堂出版株式会社**

　　　　〒101-0062　東京都千代田区神田駿河台2-9

　　　　TEL 03-3292-8211 / FAX 03-3292-8214 / http://www.shoryudo.co.jp/

組版所　錦美堂整版　　　印刷所　光陽メディア　　製本所　井上製本所
装丁　　麒麟三隻館　　　装画　　アライ・マサト

落丁本・乱丁本は，送料小社負担にてお取り替えいたします。

ISBN978-4-399-01501-2 C6341 ¥1400E　　　　　　　　　　Printed in Japan

新Aクラス
中学数学問題集
1年

6訂版

解答編

昇龍堂出版

この解答編は薄くのりづけされています。軽く引けば簡単にとりはずすことができます。

1章　正の数・負の数

p.2 **1.** （答）

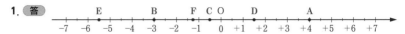

| E | B | F C O | D | A |

-7 -6 -5 -4 -3 -2 -1 0 +1 +2 +3 +4 +5 +6 +7

2. （答） A. $+6$　B. -5　C. -1.5 または $-1\frac{1}{2}$　D. $+3.5$ または $+3\frac{1}{2}$　E. 0

F. -3.5 または $-3\frac{1}{2}$

3. （答） (1) $+3$　(2) -4　(3) -2.5　(4) $+\frac{4}{5}$

4. （答） (1) $+2<+4$　(2) $-3>-4$　(3) $+3>-2$　(4) $+0.1>-1$

(5) $-2.5<+2.5$　(6) $-0.3<-0.03$　(7) $+\frac{1}{3}<+\frac{1}{2}$　(8) $-\frac{1}{3}>-\frac{1}{2}$

5. （答） (1) $-3.5,\ +3\frac{1}{3},\ 0$　(2) $-4\frac{2}{3},\ +4\frac{1}{2},\ -4.4$

6. （答） (1) 7 だけ大きい　(2) 2 だけ小さい　(3) -3　(4) -0.5

7. （答） (1) $+9$ が 7 だけ大きい　(2) -5 が 2 だけ大きい
(3) $+4$ が 8 だけ大きい　(4) 0 が 3 だけ大きい
(5) $+1.5$ が 4 だけ大きい　(6) -1.2 が 2.2 だけ大きい

p.3 **8.** （答） (1) -7 と $+7$　(2) $-2,\ -1,\ 0,\ +1,\ +2$　(3) -1 と $+1$
(4) -3 と -2 と -1

9. （答） (1) $-1<-\frac{1}{5}<+\frac{2}{3}$　(2) $-1.2<-0.5<-\frac{1}{4}$

（注） このような問題の答えは，(1) $+\frac{2}{3}>-1<-\frac{1}{5}$ のように書いてはいけない。

必ず，$-1<-\frac{1}{5}<+\frac{2}{3}$ または $+\frac{2}{3}>-\frac{1}{5}>-1$ のように，小さいものから，ま

たは，大きいものから順に並べて，不等号を使って表す。

10. （答） (1) $-3.5,\ -3,\ -2,\ +\frac{3}{4},\ +3.1,\ +3.5,\ +4$

(2) $-2\frac{2}{3},\ -2.3,\ -1\frac{1}{2},\ -1.4,\ +\frac{4}{5},\ +0.9,\ +2.5$

11. （答） $-\frac{2}{3}$ と $+0.2$ と $-\frac{1}{2}$ と 0

12. （答） (1) -3 と $+3$　(2) $+1$ と $+9$　(3) -3 と $+7$　(4) -10 と -2
(5) -10 と $+4$　(6) -6 と 0

p.4 **13.** （答） (ア) 3　(イ) -5　(ウ) $+1$　(エ) -1　(オ) 5　(カ) -8　(キ) -2　(ク) 7

14. （答） (1) $+500$ 円の損失　(2) $+5$ 万円の支出　(3) $+4$ 時間前
(4) $+3\mathrm{kg}$ の増加　(5) $+10$ 点上がる　(6) $+6\mathrm{m}$ 高い

15. （答） -15000 円

16. （答） $25℃$

（解説） 容器 A の水は $34℃$，容器 B の水は $9℃$ となった。

17. 答 (1) 5m 高い　(2) −1m 高い
　(解説) (2) C 地点は B 地点より 5m 高く，A 地点は C 地点より 1m 高い。

p.5 **18.** 答 (1) +8　(2) −5　(3) +10.8　(4) −6.3　(5) $+\dfrac{14}{15}$　(6) $-\dfrac{11}{12}$

19. 答 (1) +3　(2) −2　(3) +14　(4) +0.8　(5) −2.8　(6) $-\dfrac{1}{12}$

p.6 **20.** 答 (1) 0　(2) +2　(3) −2　(4) 0　(5) $-\dfrac{2}{3}$　(6) $+\dfrac{1}{2}$

21. 答 (1) +40　(2) −29　(3) −71　(4) −18

p.7 **22.** 答 (1) −6　(2) −8　(3) 0　(4) +14　(5) +1　(6) −2　(7) −20　(8) −15
　(解説) (6)は (−6)+(−9)+(+15)＝0，(7)は (+12)+(−12)＝0，
　(8)は (−14)+(+35)+(−21)＝0 を利用する。

23. 答 (1) −4.4　(2) −2.1　(3) +5　(4) −4.2　(5) −3.41　(6) +0.6
　(解説) (5) 先に (+6.33)+(−2.33)＝+4 を計算するとよい。

24. 答 (1) $-\dfrac{3}{7}$　(2) $+\dfrac{1}{3}$　(3) $-\dfrac{1}{6}$　(4) $+\dfrac{10}{3}$　(5) $-\dfrac{47}{20}$　(6) −1
　(解説) (4)，(5)，(6)では，帯分数の整数の部分と分数の部分を分けて計算するとよい。

p.8 **25.** 答 (1) −2　(2) −11　(3) +3　(4) +10　(5) −7　(6) +5

26. 答 (1) −4.3　(2) +13.7　(3) −4.6　(4) +3.6　(5) $-\dfrac{7}{6}$　(6) $+\dfrac{37}{10}$

　(7) $-\dfrac{11}{12}$　(8) $-\dfrac{13}{10}$　(9) $+\dfrac{27}{2}$　(10) $+\dfrac{12}{7}$

27. 答 (1) +28　(2) −4　(3) +28　(4) 0　(5) −0.5　(6) −6.5　(7) −5.2　(8) +10

p.9 **28.** 答 (1) −17　(2) +5　(3) +1　(4) +24　(5) +23　(6) −25

29. 答 (1) −8　(2) +3　(3) −3　(4) −26

30. 答 (1) +3.8　(2) −2.8　(3) −3　(4) $-\dfrac{14}{3}$　(5) $-\dfrac{7}{12}$　(6) $+\dfrac{47}{8}$

p.11 **31.** 答 (1) −2　(2) 6　(3) 8　(4) −0.8　(5) −9.2　(6) $-\dfrac{1}{6}$

32. 答 (1) −9　(2) 4　(3) 7　(4) −20　(5) −11　(6) −2.1　(7) $\dfrac{9}{10}$　(8) $\dfrac{89}{18}$

33. 答 (1) −1　(2) −6　(3) 7　(4) −20　(5) 10　(6) −1　(7) 26　(8) 34

34. 答 (1) −6.6　(2) −5.5　(3) $-\dfrac{1}{12}$　(4) −1　(5) 0.4　(6) $\dfrac{17}{3}$　(7) $-\dfrac{12}{5}$

　(8) $\dfrac{11}{2}$

p.12 **35.** 答 (1) 12　(2) 21　(3) −24　(4) −20　(5) 0　(6) 0　(7) −12　(8) −27　(9) 48
　(10) 0　(11) −60　(12) 108

p.13 **36.** 答 (1) −0.45　(2) −3.6　(3) 7.5　(4) $-\dfrac{2}{9}$　(5) $-\dfrac{1}{20}$　(6) $\dfrac{2}{3}$

37. 答 (1) 24　(2) −70　(3) 120　(4) −36　(5) 0　(6) 60

38. 答 (1) $\dfrac{1}{10}$　(2) $\dfrac{1}{3}$　(3) −10　(4) −1　(5) $-\dfrac{2}{21}$　(6) $\dfrac{5}{6}$

p.14　**39.** (答) (1) 4　(2) -4　(3) 2　(4) -9　(5) 1　(6) 0　(7) 0　(8) -1　(9) -10

p.15　**40.** (答) (1) $\dfrac{7}{6}$　(2) $\dfrac{4}{5}$　(3) $-\dfrac{3}{2}$　(4) $-\dfrac{6}{13}$　(5) $\dfrac{1}{4}$　(6) 10　(7) $-\dfrac{1}{6}$　(8) -5

41. (答) (1) $-\dfrac{7}{9}$　(2) $-\dfrac{4}{3}$　(3) $\dfrac{1}{3}$　(4) 0　(5) $-\dfrac{2}{5}$　(6) -5

42. (答) (1) -2　(2) $\dfrac{1}{2}$　(3) 20　(4) -1　(5) $-\dfrac{1}{4}$　(6) $\dfrac{9}{32}$　(7) $\dfrac{9}{8}$　(8) 10

(解説) 小数の混じった式は，先に小数を分数になおす。

(4) $-3\div(-0.4)\div(-7.5)=-3\div\left(-\dfrac{4}{10}\right)\div\left(-\dfrac{75}{10}\right)$

p.16　**43.** (答) (1) -6　(2) 6　(3) -20　(4) 4　(5) 40　(6) 10　(7) 9　(8) $\dfrac{4}{25}$

44. (答) (1) $-\dfrac{1}{3}$　(2) $\dfrac{8}{5}$　(3) $-\dfrac{3}{5}$　(4) -6　(5) 1　(6) -2

45. (答) (1) -2　(2) $\dfrac{1}{2}$　(3) $-\dfrac{5}{9}$　(4) $\dfrac{8}{3}$　(5) $\dfrac{5}{4}$　(6) -6

p.17　**46.** (答) (1) 5^2　(2) $(-3)^3$　(3) -7^4　(4) $\left(-\dfrac{1}{2}\right)^4$

47. (答) (1) 36　(2) -8　(3) 9　(4) -9

p.18　**48.** (答) (1) -1　(2) 1　(3) 64　(4) 1024　(5) -81　(6) 81　(7) $-\dfrac{4}{9}$　(8) $-\dfrac{64}{27}$

(9) $\dfrac{49}{4}$

(解説) (4) $2^{10}=2^5\times2^5$　　(9) $(-3.5)^2=\left(-\dfrac{7}{2}\right)^2$

p.19　**49.** (答) (1) 28　(2) -18　(3) 72　(4) -18　(5) $\dfrac{5}{2}$　(6) -1

50. (答) (1) -12　(2) $-\dfrac{1}{2}$　(3) $\dfrac{4}{3}$　(4) $-\dfrac{15}{8}$　(5) -1　(6) $\dfrac{1}{5}$　(7) $\dfrac{4}{3}$　(8) -50

p.20　**51.** (答) (1) -18　(2) -10　(3) 13　(4) -38　(5) -3　(6) 0　(7) -2352　(8) 5871

(解説) (7) $98\times(-24)=(100-2)\times(-24)=-2400+48$

(8) $-57\times(-103)=-57\times(-100-3)=5700+171$

52. (答) (1) 8　(2) 0　(3) 12　(4) -30　(5) -1　(6) 5　(7) -1800　(8) 11

p.21　**53.** (答) (1) -2　(2) 0　(3) -48　(4) -1　(5) 90　(6) -16　(7) -24　(8) $\dfrac{4}{3}$

p.22　**54.** (答) (1) -9　(2) 4　(3) 8　(4) -39　(5) -2　(6) $\dfrac{12}{5}$

55. (答) (1) 1　(2) -2　(3) 70　(4) 420　(5) 7　(6) -3　(7) -31.4　(8) 5

(解説) (7) $3.14\times(4^2-6^2+10)=3.14\times(-10)$

(8) $12\times\dfrac{1}{3}-12\times\dfrac{1}{2}+12\times\dfrac{1}{4}-(-1.6)\times(3.35-0.85)=4-6+3-(-1.6)\times2.5$

p.23　**56.** (答) (1) -4　(2) $-\dfrac{9}{40}$　(3) $\dfrac{21}{5}$　(4) $\dfrac{1}{3}$　(5) $\dfrac{1}{3}$　(6) $-\dfrac{13}{20}$　(7) $\dfrac{5}{4}$

57. (答) (1) -1　(2) $-\dfrac{4}{33}$　(3) -15　(4) $-\dfrac{29}{6}$　(5) $\dfrac{32}{3}$　(6) $-\dfrac{5}{4}$

58. 答 (1) 0 (2) $\dfrac{89}{12}$ (3) $-\dfrac{1}{12}$ (4) -5 (5) 1 (6) $\dfrac{19}{75}$

解説 (4)は $1\dfrac{1}{4}=1.25$ であるから，分配法則を使うことを考える。

$$1.25\times\left\{(-2)^3+1000\times\left(-\dfrac{1}{10}\right)^3\times2+100\times\left(-\dfrac{1}{10}\right)^2\times2+2^2\right\}$$

p.25 **59**. 答 (1) 8.3cm (2) 159.8cm

解説 (1) $(+3.4)-(-4.9)$ (2) $158.2+(+1.6)$

60. 答 (1) -2.5 点 (2) 70 点 (3) 83 点

解説 (1) $\dfrac{(+9)+(-15)+(+13)+(-5)+0+(+10)+(-28)+(-4)}{8}$

(2) $67.5-(-2.5)$

(3) $70+(+13)$

61. 答 (1) -6 点 (2) 5 点

解説 (1) $0-15-(-8)-(-4)-3$

(2) $0-(-1.25)\times4$

62. 答 (1) 10 と 20, -20 と 50

(2) -50 と -40 と -30

解説 (1) $(-10)+(-50)+30=-30$ であるから，残りのカードの数の和は 30 である。

(2) 5 枚のカードの数の和は $(-20)\times5=-100$ であるから，残り 3 枚のカードの数の和は -120 である。

63. 答 (1) 3 回 (2) 20 点, 15 点, 10 点

解説 (1) 10 回とも偶数の目が出たとすると 20 点で，そのうち奇数の目が 1 回出るたびに 5 点ずつ減点される。得点が 5 点ということは，15 点減点されたということであるから，奇数の目が 3 回出たことになる。

(2) B が A に勝つのは，奇数の目が出る回数が A より少ないときで，0 回, 1 回, 2 回の場合である。

p.27 **64**. 答 31, 41, 61, 71, 101

解説 $91=7\times13$

65. 答 (1) $2^3\times7$ (2) $2^3\times3\times5$ (3) $2^2\times3^2\times5\times7$ (4) $2^4\times3^3\times5$

66. 答 (1) 最大公約数 18, 最小公倍数 540 (2) 最大公約数 7, 最小公倍数 210

(3) 最大公約数 18, 最小公倍数 1080

p.28 **67**. 答 (1) 6 をかけると 24 の平方 (2) 30 をかけると 60 の平方

(3) 21 をかけると 126 の平方

解説 (1) $96=2^5\times3$ (2) $120=2^3\times3\times5$ (3) $756=2^2\times3^3\times7$

68. 答 $n=1, 5, 13, 65$

解説 $\dfrac{65}{n}$ が整数になるためには，分母 n が分子 65 の約数になればよい。n は自然数で，$65=5\times13$

69. 答 (1) 7cm (2) 30 個

解説 (1) $294=2\times3\times7^2$, $490=2\times5\times7^2$, $735=3\times5\times7^2$ の最大公約数が 7^2 より，立方体 A の 1 辺の長さは 7cm である。

(2) (1)の素因数分解の式より，$2\times3\times5$

p.29 **70.** (答) (1) 30 個　(2) 12 個　(3) 24 個
(解説) (1) $2^4 \times 3^5$ より，$(4+1) \times (5+1) = 30$
(2) $96 = 2^5 \times 3$ より，$(5+1) \times (1+1) = 12$
(3) $600 = 2^3 \times 3 \times 5^2$ より，$(3+1) \times (1+1) \times (2+1) = 24$

71. (答) 9 個
(解説) $\dfrac{100}{x}$ が整数になるためには，分母 x が分子 100 の約数になればよい。
$100 = 2^2 \times 5^2$ より，$(2+1) \times (2+1) = 9$

72. (答) 8 個
(解説) n は $12 = 2^2 \times 3$ の倍数で，$360 = 2^3 \times 3^2 \times 5 = (2^2 \times 3) \times 2 \times 3 \times 5$ の約数であるから，$2 \times 3 \times 5$ の約数の個数だけある。　$(1+1) \times (1+1) \times (1+1) = 8$

p.31 **73.** (答) (1) ○　(2) ×，反例 $2-3 = -1$　(3) ○　(4) ○

74. (答) (1) 和　(2) 積，商　(3) 差

75. (答) (1) 加法，減法，乗法　(2) 乗法

p.32 **76.** (答) (1) ＞　(2) 順に ＞，＜　(3) 順に ＞，＞　(4) 順に ＜，＜
(解説) (1) $a > b$ で，a と b の和が正の数であるから，$a > 0$（$a < 0$ とすると，$a+b < 0$ となる）
(2) $a \times b < 0$ であるから，a と b は異符号である。　$a > b$ より，$a > 0$，$b < 0$
(3) $a \times b > 0$ より，a と b は同符号である。　$a+b > 0$ より，$a > 0$，$b > 0$
(4) $a \times b > 0$ より，a と b は同符号である。　$a+b < 0$ より，$a < 0$，$b < 0$

77. (答) $a < 0$，$b > 0$，$c > 0$，$d < 0$
(解説) ① $a \times d > 0$ より a と d は同符号であり，③ $a+d < 0$ より，$a < 0$，$d < 0$ となる。
$a < 0$ と ② $a+b = 0$ より $b > 0$ となり，④ $b \times c > 0$ より，$c > 0$ となる。
ゆえに，$a < 0$，$b > 0$，$c > 0$，$d < 0$

78. (答)

	最も大きい数	最も小さい数
(1)	5	-7
(2)	12	-9
(3)	6	-6
(4)	3	-3

(解説) $-4 < a < 3$ である整数 a は，$a = -3$，-2，-1，0，1，2
$-5 < b < 4$ である整数 b は，$b = -4$，-3，-2，-1，0，1，2，3
(1) 最も大きい数は，$a = 2$，$b = 3$ のときで，$a+b = 5$
最も小さい数は，$a = -3$，$b = -4$ のときで，$a+b = -7$
(2) 最も大きい数は，$a = -3$，$b = -4$ のときで，$a \times b = 12$
最も小さい数は，$a = -3$，$b = 3$ のときで，$a \times b = -9$
(3) 最も大きい数は，$a = 2$，$b = -4$ のときで，$a-b = 6$
最も小さい数は，$a = -3$，$b = 3$ のときで，$a-b = -6$
(4) 最も大きい数は，$a = -3$，$b = -1$ のときで，$a \div b = 3$
最も小さい数は，$a = -3$，$b = 1$ のときで，$a \div b = -3$

━━━━━━━━━━ **1章の問題** ━━━━━━━━━━

p.33 **①** （答） (1) $+4$　(2) -12　(3) -0.01　(4) -12　(5) -0.01 と $+\dfrac{1}{100}$

② （答） (1) 4　(2) -7　(3) -8　(4) 小さい　(5) 大きい

③ （答） (1) -8 と -7　(2) -1 と 0 と 1 と 2

④ （答） (1) -14 と 4　(2) 1　(3) 0 と 4

⑤ （答）　-3, -2, -1, 0, 1, 2, 3

（解説）ある整数は，4 との和が正の数であるから -3 以上となり，-4 との和が
負の数であるから 3 以下となる。

⑥ （答）　(ア) B　(イ) F　(ウ) C　(エ) 9　(オ) 45.5

（解説）(オ) $\dfrac{(-3)+(+1)+(-5)+(+4)+(-2)+(+8)}{6}=0.5\,(\mathrm{kg})$

p.34 **⑦** （答） (1)

1	**2**	-3
-4	0	**4**
3	**-2**	-1

(2)

6	-7	**-8**	3
-5	0	**1**	-2
-1	**-4**	-3	**2**
-6	**5**	4	-9

（解説）斜めの和が，(1) 0，(2) -6

⑧ （答） (1) 1　(2) 3　(3) -22　(4) -22　(5) -18　(6) 19　(7) 166　(8) 135

(9) $-\dfrac{2}{9}$　(10) 10

⑨ （答） (1) $-\dfrac{2}{3}$　(2) $-\dfrac{1}{5}$　(3) 5　(4) $\dfrac{11}{2}$　(5) -53　(6) -2　(7) $-\dfrac{1}{60}$　(8) $-\dfrac{2}{3}$

⑩ （答） (1) $-\dfrac{1}{2}$　(2) -16　(3) 7　(4) 36　(5) $-\dfrac{17}{6}$　(6) $-\dfrac{35}{3}$　(7) 358

(8) $-\dfrac{7}{9}$　(9) $\dfrac{1}{84}$　(10) $\dfrac{23}{18}$

p.35 **⑪** （答） (1) 必要な枚数 126 枚，1 辺の長さ 252 cm

(2) $\begin{cases} a=6 \\ b=84, \end{cases}$ $\begin{cases} a=12 \\ b=42, \end{cases}$ 必要な枚数 14 枚

（解説）(1) 18 と 28 の最小公倍数は 252 である。
(2) この紙を何枚か並べて正方形になったとき，$504=2^3\times3^2\times7$ で，この正方形
の面積は平方数であるから，考えられる最小の面積は $(2^4\times3^2\times7^2)\,\mathrm{cm}^2$ である。
$2^4\times3^2\times7^2=2^3\times3^2\times7\times(2\times7)=2^3\times3^2\times7\times14$ より，紙は 14 枚必要である。
このとき，正方形の 1 辺の長さは，$2^2\times3\times7=84\,(\mathrm{cm})$
$a<b$ であるから，枚数は縦のほうが横より多く必要である。
ゆえに，縦 14 枚と横 1 枚，または縦 7 枚と横 2 枚のどちらかである。
縦 14 枚と横 1 枚のとき，$a=84\div14=6$，$b=84\div1=84$
縦 7 枚と横 2 枚のとき，$a=84\div7=12$，$b=84\div2=42$

⑫ **答** (1) ×, 反例 $a=3$, $b=-1$ (2) ○ (3) ×, 反例 $a=3$, $b=-4$
(4) ×, 反例 $a=3$, $b=-2$ (5) ○
解説 (1) $a=3$, $b=-1$ のとき, $a+b=2$, $a-b=4$ より $a+b$, $a-b$ はともに
正の数であるが, $a>0$, $b<0$
(2) $a-b=a+(-b)$, $a>0$, $-b>0$ より, $a-b>0$
(3) $a=3$, $b=-4$ のとき, $|a+b|=1$, $|a|+|b|=7$
(4) $a=3$, $b=-2$ のとき, $|a-b|=5$, $|a|-|b|=1$

⑬ **答** $a>0$, $b<0$, $c>0$, $d>0$, $e<0$
解説 ③$a×e<0$ より, a と e は異符号である。
⑤$a×b=c×e$ で a と e が異符号であるから, b と c も異符号である。
ゆえに, ①$b<c$ より, $b<0$, $c>0$ である。
(i) $a<0$ とすると, $e>0$ となり, ②$d>e$ より $d>0$ となる。ところが,
$a<0$, $c>0$ と④$a×c=d$ より $d<0$ となるから, $a<0$ となることはない。
(ii) $a>0$ とすると, $e<0$ となり, $c>0$, ④$a×c=d$ より $d>0$ となる。これは
②$d>e$ を満たす。ゆえに, $a>0$, $b<0$, $c>0$, $d>0$, $e<0$

⑭ **答** (1) 正の数 (2) $c=0$ (3) -6, -3, -2
解説 (1) $a-b<0$ より, b のほうが a より大きい。$a×b<0$ より a と b は異符
号であるから, $b>0$
(3) $b>0$, $a+b<0$ より, $a<0$ で $|a|>b$ よって, $a=-3$ または $a=-2$
$a=-3$ のとき, $b=2$ または $b=1$ ゆえに, $a×b=-6$ または $a×b=-3$
$a=-2$ のとき, $b=1$ ゆえに, $a×b=-2$

⑮ **答** -1 と 1 と 28, -2 と 2 と 7
解説 2つの整数の和が0であるから, 2つの整数は異符号でその絶対値は等し
い。また, $28=1×1×28=2×2×7$ であるから, 3つの整数は -1 と 1 と 28,
-2 と 2 と 7 である。

2章　文字式

p.37 **1.** 答 (1) $2ab$ (2) $4a^2b$ (3) $-3x^3y^2$ (4) $4a-6b$ (5) $\dfrac{a^2b}{2}$ または $\dfrac{1}{2}a^2b$

(6) $\dfrac{x-y}{z}$

2. 答 (1) $-2\times a\times b$ (2) $4\times x\times y\times y$ (3) $3\times x\div y$ (4) $2\times x\times y\div z$
(5) $(a+b)\div(x+y)$

3. 答 (1) $3(2a+b)$ (2) a^3+b^2 (3) $(5a+150b)$ 円 (4) $(50x+100y)$ 円
(5) $4x$ km (6) $2(3+a)$ cm (7) $(1000-ab)$ 円 (8) $(ab+7)$ 個

p.38 **4.** 答 (1) $-\dfrac{3a}{bc}$ (2) $\dfrac{2ac}{b}$ (3) $\dfrac{3x^2}{yz}$ (4) $\dfrac{2x^2z}{y}$ (5) $\dfrac{ab}{x-y}$ (6) $a(x+y)^2-\dfrac{a}{x}$

(7) $x^2-(x+y)^2$ (8) $\dfrac{ab}{x}-\dfrac{(a+b)c}{x+y}$

5. 答 (1) $a\times b\div c\div d$ または $a\times b\div(c\times d)$
(2) $a\div b\div c\div c$ または $a\div(b\times c\times c)$
(3) $a\times a\times a+b\times b\times b$
(4) $(a+b)\times(a+b)-2\times a\times b$
(5) $(a+b)\div x-x\times x\div 3$
(6) $3\times a\div x\div x\div y+(x+y)\div(b-c)$
　　または $3\times a\div(x\times x\times y)+(x+y)\div(b-c)$

p.39 **6.** 答 (1) $(60a+b)$ 秒 (2) $6x°$

(3) $\left(\dfrac{a}{20}+\dfrac{a}{4}\right)$ 時間 または $\dfrac{3}{10}a$ 時間

(4) 時速 $\dfrac{20}{a+b}$ km

(5) 体積 ab^2 cm³, 表面積 $2(2ab+b^2)$ cm² または $(4ab+2b^2)$ cm²

(6) $\dfrac{ax+by}{a+b}$ 点

(7) $a\left(1+\dfrac{x}{10}\right)$ 円 または $\left(a+\dfrac{ax}{10}\right)$ 円

(8) $\left(\dfrac{97}{100}a+\dfrac{107}{100}b\right)$ 円 (9) $\dfrac{500a}{500-x}$ ％

解説 (2) 1分間で $\dfrac{360°}{60}=6°$ 動く。

(6) クラス全体の得点の合計は $(ax+by)$ 点である。
(9) 水を x g 蒸発させたとき, 食塩水の重さは $(500-x)$ g である。

7. 答 (1) $10a+b+\dfrac{c}{10}$ または $10a+b+0.1c$ (2) $n-1,\ n+1$ (3) $\dfrac{a-c}{b}$

解説 (3) $a-c$ は b で割りきれる。

8. 答 (1) $3m$ (2) $3n-2$
解説 (1) 上から3番目の数はすべて3の倍数で, $3\times1,\ 3\times2,\ 3\times3,\ \cdots$
(2) 上から1番目の数は3番目の数より2だけ小さい。

9. 答 $\dfrac{(5a+3b)c}{100(a+b)}$ g

解説 混ぜた食塩水の濃度は $\dfrac{\dfrac{5a}{100}+\dfrac{3b}{100}}{a+b}\times100=\dfrac{5a+3b}{a+b}$ （％）であるから，食

塩水 c g には $\left(c\times\dfrac{5a+3b}{a+b}\times\dfrac{1}{100}\right)$ g の食塩がふくまれる。

p.40 **10.** 答 (1) -9 (2) 14 (3) 12 (4) 0

p.41 **11.** 答 (1) -4 (2) -13 (3) 0 (4) 14

12. 答 (1) -19 (2) -10 (3) $\dfrac{37}{4}$

解説 (2) $3\times\dfrac{1}{2}\times(-3)-5\times\dfrac{1}{2}+(-3)=-\dfrac{9}{2}-\dfrac{5}{2}-3$

(3) $\left(\dfrac{1}{2}\right)^2+(-3)^2=\dfrac{1}{4}+9$

13. 答 (1) -6 (2) -5 (3) 14 (4) 8 (5) -30 (6) $\dfrac{5}{6}$

解説 (1) $1+2\times(-2)-3$ (2) $1\times(-2)+(-2)\times3+3\times1$

(3) $1^2+(-2)^2+3^2$ (4) $\{1+(-2)+3\}^3$

(5) $\{1-(-2)\}\times\{(-2)-3\}\times(3-1)$ (6) $\dfrac{1}{1}+\dfrac{1}{(-2)}+\dfrac{1}{3}$

14. 答 (1) $\dfrac{7}{8}$ (2) $\dfrac{59}{36}$

解説 (1) $\dfrac{4}{9}\div\dfrac{2}{3}+\left(-\dfrac{1}{2}\right)\div\dfrac{4}{9}-\dfrac{2}{3}\div\left(-\dfrac{1}{2}\right)$

(2) $\dfrac{2}{3}\div\dfrac{4}{9}-\dfrac{4}{9}\div\left(-\dfrac{1}{2}\right)+\left(-\dfrac{1}{2}\right)\div\dfrac{2}{3}$

15. 答 (1) -1 (2) $-\dfrac{13}{4}$ (3) $-\dfrac{25}{16}$

解説 (1) $4\times\dfrac{2}{3}\times\left(-\dfrac{1}{2}\right)-\dfrac{2}{3}-2\times\left(-\dfrac{1}{2}\right)$ (2) $-\left(-\dfrac{5}{2}\right)^2+1\div\dfrac{1}{3}$

(3) $\dfrac{1}{3}\times\left(-\dfrac{1}{2}\right)\times\left(-\dfrac{3}{4}\right)-\left(-\dfrac{3}{4}\right)\div\left(-\dfrac{1}{2}\right)+\left(-\dfrac{1}{2}\right)^2\times\left(-\dfrac{3}{4}\right)$

16. 答 最も大きくなるもの $\dfrac{1}{a^2}$，最も小さくなるもの $-\dfrac{1}{a^2}$

解説 正の数になるものは，a^2，$\dfrac{1}{a^2}$，$-a$，$-\dfrac{1}{a}$，$-2a$

負の数になるものは，$2a$，a，$\dfrac{1}{a}$，$-a^2$，$-\dfrac{1}{a^2}$

p.43 **17.** 答

	(1)		(2)		(3)			(4)		
項	$2x$	3	$-2x$	6	x	$2y$	5	$3x$	$-y$	6
係数	2		-2		1	2		3	-1	

18. 答 (ア), (イ), (エ), (オ)

解説 (カ) $\dfrac{1}{x}$ は1と x の積ではないから, $\dfrac{1}{x}+5$ は1次式ではない。

19. 答 (1) $7a$ (2) $-5x$ (3) $0.2a$ (4) $-6x-3$ (5) $2x+1$ (6) $-5x+3$

20. 答 (1) $6x+3$ (2) $-6a+9$ (3) $-2x+6$ (4) $-3x+2$ (5) $4-a$ (6) $-3x+6$

21. 答 (1) $5x-2$ (2) $-a+3$ (3) $-\dfrac{1}{2}y+\dfrac{2}{5}$ または $-0.5y+0.4$ (4) $-10x+5$

p.44 **22.** 答 (1) 和 $7x+2$, 差 $3x+4$ (2) 和 $-2x-5$, 差 $8x+1$
(3) 和 $-a+6$, 差 $-7a-4$ (4) 和 $-2x+2$, 差 $4x-12$

23. 答 (1) $7x+1$ (2) $2a-5$ (3) $2x-3$ (4) $-4a-1$ (5) $-x+3$ (6) $6a+1$
(7) $4x-7$ (8) $2a-5$

24. 答 (1) $7x-2$ (2) $-2a+4$

解説 (1) $5x+1$ から $-2x+3$ をひく。
(2) $8a+3$ から $10a-1$ をひく。

p.45 **25.** 答 (1) $6a-6$ (2) $0.4a-1.6$ (3) $-x+4$ (4) $3x-8$ (5) $\dfrac{1}{3}x-\dfrac{1}{3}$

(6) $\dfrac{1}{12}a+\dfrac{1}{4}$

26. 答 (1) $19a+7$ (2) $-8x-10$ (3) $8y-9$ (4) $-9x+2$ (5) $33m-15$
(6) $0.3b-2.9$ (7) $-x$ (8) $4x-4$

解説 (7) $3x-2-4x+2$ (8) $2x-1+2x-3$

27. 答 (1) $4x$ (2) $-3a+1$ (3) $4y-11$ (4) $x+6$ (5) $2x-13$ (6) $5x-17$
(7) $\dfrac{7}{12}x-\dfrac{3}{2}$ (8) $\dfrac{1}{6}x-\dfrac{3}{4}$

p.46 **28.** 答 (1) $12x-20$ (2) $18x-54$

解説 約分してから分配法則を利用する。

29. 答 (1) $\dfrac{17x-13}{6}$ または $\dfrac{17}{6}x-\dfrac{13}{6}$ (2) $\dfrac{7x+12}{12}$ または $\dfrac{7}{12}x+1$

(3) $\dfrac{7x+14}{12}$ または $\dfrac{7}{12}x+\dfrac{7}{6}$ (4) $\dfrac{x-3}{10}$ または $\dfrac{1}{10}x-\dfrac{3}{10}$ または $0.1x-0.3$

(5) $\dfrac{5x+6}{3}$ または $\dfrac{5}{3}x+2$ (6) $\dfrac{12a-5}{3}$ または $4a-\dfrac{5}{3}$

(7) $\dfrac{11x-26}{12}$ または $\dfrac{11}{12}x-\dfrac{13}{6}$ (8) $\dfrac{x-11}{8}$ または $\dfrac{1}{8}x-\dfrac{11}{8}$

(9) $-\dfrac{x}{18}$ または $-\dfrac{1}{18}x$ (10) $\dfrac{-16x+1}{6}$ または $-\dfrac{8}{3}x+\dfrac{1}{6}$

p.47 **30.** 答 $(150-5x)\,\mathrm{m}^2$

解説 $30(x+5)-x(30+5)$

31. 答 商 $4a+2$, 余り 3

解説 もとの正の整数は $16a+11$ である。
$16a+11=4\times4a+4\times2+3=4(4a+2)+3$
注 (割られる数)＝(割る数)×(商)＋(余り)

32. （答）(1) 12　(2) -12　(3) -14　(4) 13　(5) $-\dfrac{7}{3}$　(6) $-\dfrac{19}{36}$

（解説）$x=-17$ をそれぞれ (1) $-x-5$, (2) $x+5$, (3) $2x+20$, (4) $-x-4$,

(5) $-\dfrac{1}{6}x-\dfrac{31}{6}$, (6) $\dfrac{1}{18}x+\dfrac{5}{12}$ に代入する。

33. （答）(1) 0　(2) $6a+2$　(3) $-a+8$

（解説）(3) $2A-B-3C=2(a+2)-(-3a-1)-3(2a-1)$ を計算する。

p.48　**34.** （答）(1) $4x-2=y$　(2) $\dfrac{7}{10}a=b$ または $0.7a=b$　(3) $3a+5=2b+10$

(4) $1000-5x=y$

p.49　**35.** （答）(1) $3x>5$　(2) $x-4<-2$　(3) $3x-2\leqq0$　(4) $2(a-3)\geqq4$　(5) $ax<1000$

(6) $x>\dfrac{y}{2}$

p.50　**36.** （答）(1) $x+500=2(x-500)$　(2) $a=pq+r$ または $\dfrac{a-r}{p}=q$

(3) $a+m=n(b+m)$　(4) $3a+5b=8c$ または $\dfrac{3a+5b}{8}=c$

（解説）(3) m 年後に父は $(a+m)$ 歳，子どもは $(b+m)$ 歳になる。

(4) $300\times\dfrac{a}{100}+500\times\dfrac{b}{100}=(300+500)\times\dfrac{c}{100}$

または，$\dfrac{300\times\dfrac{a}{100}+500\times\dfrac{b}{100}}{300+500}\times100=c$

p.51　**37.** （答）(1) $50x+100y<2000$　(2) $\dfrac{5}{a}+\dfrac{s-5}{b}\leqq3$　(3) $25.5\leqq x<26.5$

(4) $\left(1-\dfrac{c}{10}\right)b-a>0$　(5) $bx<a<10c+d(x-10)$

（解説）(2) 時速 b km で行く道のりは $(s-5)$ km である。

(3) 25.5 の小数第 1 位を四捨五入すると 26 になり，26.5 の小数第 1 位を四捨五入すると 27 になる。

(4) 定価 b 円の c 割引きは $\left(1-\dfrac{c}{10}\right)b$ 円である。

(5) りんごを d 個もらう人数は $(x-10)$ 人である。

38. （答）(1) $100a-30x=b$ または $100a=30x+b$

(2) $a+10<2(b+10)$　(3) $\dfrac{15x}{100}=\dfrac{a(x+y)}{100}$ または $\dfrac{15x}{x+y}=a$

(4) $\dfrac{x}{3}+\dfrac{x+6}{5}=\dfrac{19}{3}$　(5) $\dfrac{s}{a}<\dfrac{2}{b}+\dfrac{s-2}{c}$

(6) $bx+20\leqq a<(b+1)x$ または $\begin{cases} a-bx\geqq20 \\ a<(b+1)x \end{cases}$

（解説）(3) 食塩水の重さは $(x+y)$ g になる。

$x\times\dfrac{15}{100}=(x+y)\times\dfrac{a}{100}$　　または，$\dfrac{x\times\dfrac{15}{100}}{x+y}\times100=a$

(4) 上りは $\dfrac{x}{3}$ 時間，下りは $\dfrac{x+6}{5}$ 時間かかった。また，6時間20分は $\dfrac{19}{3}$ 時間である。

(5) 太郎さんは $\dfrac{s}{a}$ 時間，次郎さんは $\left(\dfrac{2}{b}+\dfrac{s-2}{c}\right)$ 時間かかった。

(6) ジュースの本数は全部で，$(bx+20)$ 本以上 $(b+1)x$ 本未満である。

39. （答）(1) $3+a+b=c+d$

(2) $\dfrac{3+2a+3b+4c+5d}{3+a+b+c+d}<3.5$

または $3+2a+3b+4c+5d<3.5(3+a+b+c+d)$

（解説）(1) 中央値が 3.5 なので，3点以下の人数と4点以上の人数が同じになる。
(2) クラスの生徒数は $(3+a+b+c+d)$ 人であり，得点の合計は
$(1\times3+2\times a+3\times b+4\times c+5\times d)$ 点である。

2章の問題

p.52 **1** （答）(1) 正しくない，$2a$ (2) 正しくない，$\dfrac{ac}{b}$ (3) 正しくない，$4a$

(4) 正しくない，a^4 (5) 正しい (6) 正しくない，$-8a^3$

（解説）「等式がつねに正しい」とは，式の中の文字にどのような数を代入しても，等式が成り立つことである。

2 （答）(1) $\dfrac{10(30-x)}{3}$ % (2) $\left(\dfrac{\ell}{2}-a\right)$ cm (3) $\dfrac{2x+100y}{x+y}$ % (4) 時速 $\dfrac{2a}{7}$ km

(5) $\dfrac{13}{10}a\left(1-\dfrac{1}{10}b\right)$ 円

（解説）(1) $\dfrac{30-x}{30}\times100$

(2) （縦の長さ）＋（横の長さ）＝$\dfrac{\ell}{2}$

(3) ふくまれる食塩の重さは $\left(\dfrac{2}{100}x+y\right)$ g である。

(4) 行きは4時間，帰りは3時間かかった。

(5) 定価に $1-\dfrac{1}{10}b$ をかける。

3 （答）(1) $-2x+2$ (2) $9a+2$ (3) $8x-1$ (4) $x+29$ (5) $-3x+2$ (6) $-10x-8$
(7) $-5x-14$ (8) $11x-5$

4 （答）(1) $-0.25x+2.6$ または $-\dfrac{1}{4}x+\dfrac{13}{5}$ (2) $\dfrac{1}{15}x-\dfrac{5}{6}$ (3) $\dfrac{5}{6}a-\dfrac{11}{12}$

(4) $\dfrac{3x+1}{14}$ または $\dfrac{3}{14}x+\dfrac{1}{14}$ (5) $\dfrac{4x-7}{8}$ または $\dfrac{1}{2}x-\dfrac{7}{8}$

(6) $\dfrac{-a+4}{4}$ または $-\dfrac{1}{4}a+1$ (7) $\dfrac{7}{12}$ (8) $-6a-8$

p.53 **⑤** **答** (1) -5 (2) $\dfrac{1}{2}$ (3) -1

解説 (1), (2)は，同類項をまとめてから $x=-3$ を代入するとよい。

(1)（与式）$=x-2$ (2)（与式）$=-\dfrac{x}{6}$ (3)（与式）$=(-3)^2+6\times(-3)+8$

⑥ **答** (1) 35 (2) 4 (3) $-\dfrac{7}{18}$ (4) 77

⑦ **答** (1) $-x+9$ (2) $17x-2$ (3) $\dfrac{7x+37}{12}$ または $\dfrac{7}{12}x+\dfrac{37}{12}$

⑧ **答** (1) 竹ひご 60 本，粘土 32 個

(2) 竹ひご $(8n+4)$ 本，粘土 $(4n+4)$ 個

解説 はじめの立方体に必要な竹ひごの本数は 12 本であり，さらに立方体 1 個をつなぎ合わせるたびに竹ひごが 8 本ずつ必要になる。

また，はじめの立方体に必要な粘土の個数は 8 個であり，さらに立方体 1 個をつなぎ合わせるたびに粘土が 4 個ずつ必要になる。

(1) 竹ひごの本数は，$12+8\times6$ 粘土の個数は，$8+4\times6$

(2) 竹ひごの本数は，$12+8\times(n-1)$ 粘土の個数は，$8+4\times(n-1)$

⑨ **答** (1) $(8n-7)$ 番目

(2) $(4n-1)$ 番目

解説 (1) 1 回目のドをひくのは 1 番目で，それ以降 8 番目ごとにドをひくことになるから，$\{1+8(n-1)\}$ 番目。

(2) 1 回目のミをひくのは 3 番目で，それ以降 4 番目ごとにミをひくことになるから，$\{3+4(n-1)\}$ 番目。

p.54 **⑩** **答** (1) $\dfrac{3}{4}(a+b)=2c$ (2) $\dfrac{3x+10}{5}=y$ または $3x+10=5y$

(3) $10a+b>10b+a+20$ (4) $\dfrac{a}{60}+\dfrac{s}{b}<\dfrac{s}{4}$ (5) $ax=50b$ または $b=\dfrac{ax}{50}$

(6) $\dfrac{x-a}{4}=\dfrac{x}{5}+b$ または $5\left(\dfrac{x-a}{4}-b\right)=x$ (7) $800<3b+\dfrac{a(x-3)}{4}<1000$

解説 (3) もとの正の整数は $10a+b$，入れかえた整数は $10b+a$ である。

(4) 時間についての不等式をつくる。

(5) 1 分間に歯車 A の ax 個の歯と，歯車 B の $50b$ 個の歯がかみ合う。

(6) 長いすの数は $\dfrac{x-a}{4}$ 脚，$\left(\dfrac{x}{5}+b\right)$ 脚と表すことができる。

(7) 買ったパックの数は $\dfrac{x-3}{4}$ パックである。

⑪ **答** (1) $(-2a+15)$ トン (2) 商 $2n+1$，余り 1 (3) 分速 $\dfrac{300a+23b}{41}$ m

解説 (1) 積み荷の $\dfrac{1}{3}$ が $(a-5)$ トンであるから，積み荷の合計は $3(a-5)$ トン。

ゆえに，トラックだけの重さは，$a-3(a-5)$

(2) もとの整数は $6n+4$ であり，$6n+4=3(2n+1)+1$ と変形できる。

(3) 時速 a km で 0.3 時間走った道のりは $0.3a$ km，すなわち $300a$ m であり，走った時間は 18 分である。よって，AB 間の道のりは $(300a+23b)$ m である。

3章 1次方程式

p.56

1. 答 (ア), (エ)

2. 答 (1) $x=1$ (2) $x=10$ (3) $x=2$ (4) $x=-2$ (5) $x=-7$ (6) $x=-5$

3. 答 (1) $x=3$ (2) $x=-4$ (3) $x=-7$ (4) $x=10$ (5) $x=12$ (6) $x=-9$

4. 答 (1) $x=4$ (2) $x=3$ (3) $x=-\dfrac{1}{2}$ (4) $x=3$ (5) $a=-3$ (6) $t=-7$

5. 答 (1) $x=2$ (2) $x=-5$ (3) $x=-4$ (4) $x=-5$ (5) $y=1$ (6) $t=2$

p.57

6. 答 (1) $x=2$ (2) $t=3$ (3) $x=1$ (4) $x=-15$ (5) $y=0$ (6) $x=\dfrac{3}{7}$

7. 答 (1) $x=-1$ (2) $x=-\dfrac{3}{4}$ (3) $x=-\dfrac{11}{2}$

p.59

8. 答 (1) $x=\dfrac{3}{2}$ (2) $x=\dfrac{15}{2}$ (3) $x=1$ (4) $x=3$ (5) $x=-3$ (6) $x=\dfrac{1}{4}$

9. 答 (1) $x=\dfrac{33}{8}$ (2) $x=12$ (3) $x=6$ (4) $x=-\dfrac{3}{2}$ (5) $x=1$ (6) $x=-3$

10. 答 (1) $x=7$ (2) $x=2$ (3) $x=-\dfrac{9}{4}$ (4) $x=5$ (5) $x=\dfrac{1}{2}$ (6) $x=-12$

(7) $x=-6$ (8) $x=\dfrac{8}{5}$

11. 答 (1) $x=-7$ (2) $a=-8$ (3) $t=\dfrac{3}{4}$ (4) $x=4$ (5) $x=2$ (6) $x=2$

(7) $y=-\dfrac{10}{7}$ (8) $x=1$

12. 答 (1) $x=2$ (2) $x=4$ (3) $x=-\dfrac{17}{5}$ (4) $x=4$ (5) $x=-\dfrac{1}{8}$ (6) $x=-\dfrac{3}{5}$

p.60

13. 答 (1) $x=3$ (2) $x=7$ (3) $x=-\dfrac{8}{3}$ (4) $x=\dfrac{17}{2}$

14. 答 (1) $a=7$ (2) $a=-2$ (3) $a=2$ (4) $a=3$ (5) $a=2$ (6) $a=4$
解説 与えられた x の値を式に代入して, a についての方程式をつくり, それを解く。
(1) $3a-4=5\times3+2$ (6) $(3+2):(3a+3)=4:3a$

p.61

15. 答 (1) $x=-3$ (2) 33 (3) $x=1800$ (4) 9 cm
(5) 鉛筆 9 本, ボールペン 6 本 (6) 4 年後
解説 (1) $x-2=3x+4$
(2) 最大の整数を x とすると, $(x-2)+(x-1)+x=96$
(3) $x-200=(x+200)\times\dfrac{4}{5}$
(4) 縦の長さを x cm とすると, $2(x+2x)=54$
(5) 鉛筆を x 本買ったとすると, $70x+120(15-x)=1350$
(6) x 年後に 3 倍になるとすると, $47+x=3(13+x)$

p.62

16. 答 園児 27 人, もち 180 個
解説 園児の人数を x 人とすると, $5x+45=7x-9$

p.63 **17.** (答) 38

(解説) もとの正の整数の一の位の数を x とすると，
$(30+x)+45=10x+3$

18. (答) 22

(解説) 中央の数を x とすると，
$(x-7)+(x-1)+x+(x+1)+(x+7)=110$

19. (答) 13kg

(解説) 使った新聞を x kg とすると，
$8x+3(33-x)=164$

20. (答) 7個

(解説) 60円のお菓子を x 個買ったとすると，
$50(30-x-2x)+60x+110\times2x=2410$

21. (答) 96人

(解説) 全校生徒の人数を x 人とすると，
$\dfrac{1}{3}x\times8+\left(1-\dfrac{1}{3}\right)x\times3=4x+64$

22. (答) (1)(ア) － (イ) ＋ (2) グループの人数 (3) 28人

(解説) (1) グループの人数を x 人としている。
(2) バス1台を借りきる料金を x 円としている。

p.64 **23.** (答) 11枚

(解説) 長方形の紙を x 枚使ったとすると，
$15x-3(x-1)=135$

24. (答) 72点

(解説) Aの得点を x 点とすると，
$x+(x-11)+89+(x-19)+65=5\times68$

25. (答) 25人

(解説) サッカーも野球も好きではない人の人数を x 人とすると，
$35-2x=50-20-x$

26. (答) 45mL

(解説) 追加する酢の量を x mL とすると，
$200:(80+x)=8:5$

27. (答) 8000円

(解説) Bさんが買いものに使った金額を x 円とすると，
$(2x+2000):(x+2000)=5:3$

p.65 **28.** (答) 2分後

(解説) 弟が家を出てから x 分後に追いつくとすると，
$45(6+x)=180x$

29. (答) $2\dfrac{2}{5}$ 時間 または 2時間24分

(解説) 行きに x 時間かかったとすると，
$50x=40\left(x+\dfrac{36}{60}\right)$

30. (答) 50 秒後

(解説) 2点 P，Q が 2回目に重なるのが出発してから x 秒後とすると，最初の P と Q の間の道のりは $30+20=50$（cm）であるから，
$$5x-2x=50+100$$

p.66 **31.** (答) (1) 時速 36 km　(2) 午前 7 時 12 分　(3) 8 km　(4) $\dfrac{6}{5}$ km

(解説) (1) シャトルバスは S 駅から学校まで $\dfrac{35-5}{2}=15$（分）かかる。

(2) S 駅を出発してから x 時間後に S 駅行きのシャトルバスにはじめて出会うとすると，$9x+36x=9$

(3) S 駅から y km の地点とすると，
$$\dfrac{y}{9}=\dfrac{35}{60}+\dfrac{5}{60}+\dfrac{y}{36}$$

(4) z km 歩いたとすると，S 駅から学校まで $60+15=75$（分）かかったから，
$$\dfrac{9-z}{9}+\dfrac{5}{60}+\dfrac{z}{4}=\dfrac{75}{60}$$

32. (答) $\dfrac{38}{5}$ cm

(解説) x 秒後に正方形になったとすると，
$$6+\dfrac{1}{3}x=10-\dfrac{1}{2}x$$

33. (答) 時速 $\dfrac{72}{5}$ km

(解説) 家から駅までの道のりを x km とすると，$\dfrac{x}{16}+\dfrac{15}{60}=\dfrac{x}{9.6}-\dfrac{15}{60}$

これを解いて，$x=12$　　よって，時速 16 km では $\dfrac{12}{16}=\dfrac{3}{4}$（時間），すなわち 45 分かかる。したがって，発車 10 分前に駅に着くには，12 km の道のりを 50 分で行けばよい。

34. (答) 6 km

(解説) ランニングコースの全長を x km とすると，
$$\left\{x-\left(\dfrac{1}{5}x+\dfrac{7}{20}x\right)\right\}\div 18+\dfrac{1}{5}x\div\left(18\times\dfrac{4}{5}\right)+\dfrac{7}{20}x\div\left(18\times\dfrac{7}{6}\right)=\dfrac{20}{60}$$

35. (答) 時速 48 km，$15\dfrac{3}{4}$ 分間隔 または 15 分 45 秒間隔

(解説) 電車の速さを時速 x km とすると，2つの電車間の距離は上り下りともに等しいから，$\dfrac{18}{60}(x-6)=\dfrac{14}{60}(x+6)$　　これを解いて，$x=48$

電車間の距離は，$\dfrac{18}{60}\times(48-6)=\dfrac{63}{5}$（km）

また，電車の運転間隔は，$\dfrac{63}{5}\div 48=\dfrac{21}{80}$（時間）

p.67 **36.** 答 4.5秒後

解説 五角形 AERQP の面積は，台形 ABQP と台形 BERQ の面積の和である。
点 P が頂点 A を出発してから x 秒後に 40 cm² になるとすると，AP＝x cm，
BQ＝$2(x-1)$ cm，ER＝$(x-2)$ cm であるから，

$$\frac{1}{2} \times \{x+2(x-1)\} \times 2 + \frac{1}{2} \times \{2(x-1)+(x-2)\} \times 6 = 40$$

37. 答 $61\frac{1}{59}$ 秒後

解説 1秒間に長針，秒針はそれぞれ $\frac{1°}{10}$，6° 回転する。

x 秒後に重なるとすると，$6x = 360 + \frac{x}{10}$

38. 答 9 時 $16\frac{4}{11}$ 分

解説 9 時 x 分に 180° になるとすると，$6x + 180 = \frac{1}{2}x + 270$

39. 答 5 時 $10\frac{10}{11}$ 分，5 時 $43\frac{7}{11}$ 分

解説 長針と短針のつくる角が 90° になる時刻は 2 通りある。
5 時 30 分までに 90° になる時刻を 5 時 x 分とすると，

$$\frac{1}{2}x + 150 - 6x = 90$$

5 時 30 分過ぎに 90° になる時刻を 5 時 y 分とすると，

$$6y - \left(\frac{1}{2}y + 150\right) = 90$$

p.69 **40.** 答 5 g

解説 食塩を x g 加えるとすると，$90 \times \frac{5}{100} + x = (90+x) \times \frac{10}{100}$

41. 答 $x = 18$

解説 $(x-4) \times \frac{9}{100} = x \times \frac{7}{100}$

42. 答 $x = 200$

解説 $\dfrac{(300-x) \times \frac{10}{100} + x \times \frac{4}{100}}{300} = \dfrac{(600-x) \times \frac{4}{100} + x \times \frac{10}{100}}{600}$

43. 答 (1) 80 g (2) 1.25 g

解説 (1) はじめの水溶液の重さを x g とすると，$x \times \frac{10}{100} = (x-40) \times \frac{20}{100}$

(2) 沈でん物の重さを y g とすると，$(20-y) \times \frac{36}{100} + y = 80 \times \frac{10}{100}$

44. 答 1800 円

解説 定価を x 円とすると，$x \times \left(1 - \frac{10}{100}\right) - 1500 = 1500 \times \frac{8}{100}$

45. （答）(1) 20000 円　(2) 15 セット

（解説）(1) $1100 \times \dfrac{120}{3} - 200 \times 120$

(2) 定価で売れたセット数を x セットとすると,

$1100x + 1100 \times \left(1 - \dfrac{2}{10}\right) \times \left(\dfrac{120}{3} - x\right) - 200 \times 120 = 20000 - 5500$

p.70 **46.** （答）46 歳

（解説）いまから x 年後とすると, $(52+x) + (48+x) = 4\{(18+x) + (16+x)\}$
これを解いて, $x = -6$　　よって, 6 年前

47. （答）追いつけない（解なし）

（解説）家から x km のところで弟は姉に追いつくとする。

分速 $60\,\mathrm{m}$ は時速 $\dfrac{18}{5}$ km であるから, $x \div \dfrac{18}{5} = \dfrac{50}{60} + \dfrac{x}{9}$　　これを解いて, $x = 5$

$0 < x \leqq 4$ でなければならないから, この値は問題に適さない。

p.71 **48.** （答）解なし

（解説）子どもの人数を x 人とすると, $6x - 7 = 4x + 6$

これを解いて, $x = \dfrac{13}{2}$

子どもの人数は 6.5 人となり整数とならないから, この値は問題に適さない。

49. （答）解なし

（解説）いまから x 年後とすると, $40 + x = 6\{(11+x) + (3+x)\}$
これを解いて, $x = -4$
いまから 4 年前には, 現在 3 歳の子どもは生まれていないから, この値は問題に適さない。

50. （答）25 ％

（解説）値上げ前の定価を p 円, 売り上げ個数を q 個とし, x ％ 値上げしたとすると, $\left(1 + \dfrac{x}{100}\right)p \times \left(1 - \dfrac{20}{100}\right)q = pq$

両辺を pq で割って 1000 をかけると, $8(100+x) = 1000$
これを解いて, $x = 25$　　この値は問題に適する。
ゆえに, 25 ％ 値上げした。

51. （答）$x = 6$

（解説）全仕事量を a とすると, 1 日に兄は $\dfrac{a}{18}$, 妹は $\dfrac{a}{30}$ だけ仕事をする。

2 人が一緒に働くとき, 1 日に兄は $\dfrac{a}{18} \times \left(1 - \dfrac{10}{100}\right)$, 妹は $\dfrac{a}{30} \times \left(1 + \dfrac{50}{100}\right)$

となり, 合わせて $\dfrac{a}{18} \times \left(1 - \dfrac{10}{100}\right) + \dfrac{a}{30} \times \left(1 + \dfrac{50}{100}\right) = \dfrac{a}{20} + \dfrac{a}{20} = \dfrac{a}{10}$ だけ仕事をする。

よって, $\dfrac{a}{30} \times x + \dfrac{a}{10} \times (14 - x) = a$

両辺を a で割って 30 をかけると, $x + 3(14 - x) = 30$　　これを解いて, $x = 6$
この値は問題に適する。

p.72 **52.** **答** 200 個

（解説）値上げ前の 1 個の値段を a 円，値上げ前日の売り上げ個数を x 個とすると，値上げ前日の売り上げ額は ax 円である。

値上げ初日の売り上げ額は $\left(1+\dfrac{65}{100}\right)ax = \dfrac{165}{100}ax$ （円）となる。

また，値上げ後の 1 個の値段は $\left(1+\dfrac{10}{100}\right)a = \dfrac{11}{10}a$ （円）である。

値上げ初日に売った個数と無料で配った個数の合計は $(x+130)$ 個であるから，

値上げ初日に売った個数は $(x+130) \times \left(1-\dfrac{1}{11}\right) = \dfrac{10}{11}(x+130)$ （個）となる。

よって，$\dfrac{11}{10}a \times \dfrac{10}{11}(x+130) = \dfrac{165}{100}ax$

両辺を a で割って 100 をかけると，$100(x+130) = 165x$

これを解いて，$x=200$　　この値は問題に適する。

53. **答** (1) $b=\dfrac{S}{a}$　(2) $a=\dfrac{\ell-2b}{2}$ または $a=\dfrac{1}{2}\ell-b$

(3) $x=\dfrac{-y+4}{2}$ または $x=-\dfrac{y}{2}+2$, $x=-\dfrac{1}{2}(y-4)$

(4) $y=\dfrac{-ax+c}{b}$　(5) $h=\dfrac{3V}{S}$

(6) $b=\dfrac{2S-ah}{h}$ または $b=\dfrac{2S}{h}-a$

（解説）式を〔 〕の中に示された文字についての方程式と考えて，解く。

(1) $S=ab$　　$ab=S$　　b についての方程式と考えるから，両辺を a で割って，

$b=\dfrac{S}{a}$

(2) $\ell=2a+2b$　　$2a+2b=\ell$　　$2a=\ell-2b$　　$a=\dfrac{\ell-2b}{2}$

(3) $y=-2x+4$　　$2x=-y+4$　　$x=\dfrac{-y+4}{2}$

(4) $ax+by=c$　　$by=-ax+c$　　$y=\dfrac{-ax+c}{b}$

(5) $V=\dfrac{1}{3}Sh$　　$\dfrac{1}{3}Sh=V$　　$Sh=3V$　　$h=\dfrac{3V}{S}$

(6) $S=\dfrac{(a+b)h}{2}$　　$\dfrac{(a+b)h}{2}=S$　　$(a+b)h=2S$　　$ah+bh=2S$

$bh=2S-ah$　　$b=\dfrac{2S-ah}{h}$

54. **答** $b=\dfrac{1}{4}a$

（解説）$a-\dfrac{1}{4}a+\dfrac{1}{3}b=2\left(b-\dfrac{1}{3}b+\dfrac{1}{4}a\right)$　　$\dfrac{3}{4}a+\dfrac{1}{3}b=2\left(\dfrac{2}{3}b+\dfrac{1}{4}a\right)$

$\dfrac{3}{4}a+\dfrac{1}{3}b=\dfrac{4}{3}b+\dfrac{1}{2}a$　　$9a+4b=16b+6a$　　$-12b=-3a$　　$b=\dfrac{1}{4}a$

55. **答** $x=\dfrac{36}{a-71}$

解説 クラス全員の合計点について考えると，$ax=71x+(40-4)$

すなわち，$ax=71x+36$　　$ax-71x=36$　　$(a-71)x=36$　　$x=\dfrac{36}{a-71}$

3章の問題

p.73 **1** **答** (イ)，(ウ)

2 **答** (1) $x=6$　(2) $x=\dfrac{3}{2}$　(3) $x=-5$　(4) $x=3$　(5) $x=1$　(6) $m=0$

(7) $x=\dfrac{7}{2}$　(8) $x=\dfrac{2}{3}$

3 **答** (1) $x=\dfrac{9}{4}$　(2) $x=30$　(3) $a=\dfrac{16}{7}$　(4) $x=-3$　(5) $x=9$　(6) $x=19$

(7) $x=-8$　(8) $x=1$

4 **答** (1) $a=2$　(2) $a=-14$

5 **答** $a=6$

解説 $(2x+1):(3x-1)=3:4$ より，$x=7$
これを $(2x+a):(3x-a)=4:3$ に代入する。

6 **答** (1)（A）家から学校までの道のり
（B）弟が家を出てから学校に着くまでにかかった時間
（C）兄が家を出てから学校に着くまでにかかった時間
(2) 午前 7 時 36 分

p.74 **7** **答** 1km

解説 明さんの家から実さんの家までの道のりを $x$km とすると，
$\dfrac{x}{4}+\dfrac{3}{60}+\dfrac{2.6-x}{6}=\dfrac{34}{60}$

8 **答** 男子 132 人，女子 189 人

解説 昨年の男子の生徒数を x 人とすると，
$\dfrac{10}{100}x+\dfrac{5}{100}(300-x)=\dfrac{7}{100}\times300$
これを解いて，$x=120$

9 **答** 350g

解説 水を xg 加えるとすると，
$(150+x)\times\dfrac{6}{100}=150\times\dfrac{20}{100}$

10 **答** (1)(ア) 45　(イ) 15　(ウ) 3　(エ) 5　(2)（例）

8	1	6
3	5	7
4	9	2

(解説) (2) $15-5=10$ より，和が 10 となる 2 つの整数はともに偶数か，ともに奇数である。角（かど）の□に奇数が 1 つでもはいると，その数をふくむ対角線の□がすべて奇数となり，残り 6 つの□がすべて偶数になるか，すべて奇数になるかのどちらかとなる。奇数，偶数はともに 5 個以下であるため，これはありえない。よって，角はすべて偶数であり，$(4, 5, 6)$，$(2, 5, 8)$ を対角線上に並べることになる。

⑪ 答　5%

(解説) もとの入館料を a 円とし，入館料を $x\%$ 値下げしたとすると，

$$a\left(1-\frac{x}{100}\right)\left(1+\frac{20}{100}\right)=a\left(1+\frac{14}{100}\right)\quad \frac{120}{100}\left(1-\frac{x}{100}\right)=\frac{114}{100}$$

⑫ 答　ダイヤモンドの総数 36 個，1 人分の個数 6 個，王子 6 人

(解説) ダイヤモンドの総数を x 個とすると，最初の王子と 2 番目の王子がもらった個数が等しいから，$1+\dfrac{x-1}{7}=2+\dfrac{1}{7}\left\{x-\left(1+\dfrac{x-1}{7}\right)-2\right\}$

p.75 **⑬** 答　(1) 遊覧船 P は 時速 $(8-x)$ km，遊覧船 Q は 時速 $(4+x)$ km　(2) $x=1$

(解説) (1) 遊覧船 P，Q の静水時での速さを，それぞれ時速 a km，時速 b km とする。
P は時速 $(a+x)$ km で，$11-9=2$（時間）かけて，A 町の下流 16 km の地点に行くから，$2(a+x)=16$　Q についても同様に，$2(b-x)=24-16$
それぞれ a，b について解いて，$a=8-x$，$b=4+x$
ゆえに，静水時での速さは P は時速 $(8-x)$ km，Q は時速 $(4+x)$ km となる。
(2) P が川を上るときの速さは $8-x-x=8-2x$ より時速 $(8-2x)$ km，
下るときの速さは $8-x+x=8$ より時速 8 km である。
Q が川を上るときの速さは $4+x-x=4$ より時速 4 km，
下るときの速さは $4+x+x=4+2x$ より時速 $(4+2x)$ km である。

P は A 町から B 町まで $\dfrac{24}{8}=3$（時間），Q は B 町から A 町まで $\dfrac{24}{4}=6$（時間）かかる。停泊時間はそれぞれ 1 時間であり，午前 9 時から午後 4 時 30 分までは 7 時間 30 分である。

P と Q が 2 度目に出会うまでに P は B 町を出発してから $7\dfrac{1}{2}-3-1=\dfrac{7}{2}$（時間）かかり，Q は A 町を出発してから $7\dfrac{1}{2}-6-1=\dfrac{1}{2}$（時間）かかる。

よって，$\dfrac{7}{2}(8-2x)+\dfrac{1}{2}(4+2x)=24$

⑭ 答　(1) $\dfrac{7}{20}x$ 分　(2) $x=40$

(解説) (1) 給水管からの給水を止め排水管から x 分間水をぬくと，満水の水そうが空になるので，水そうの容積は $12x$ L。排水管を閉じた状態で給水管から入れた水は $12x\times\dfrac{7}{12}=7x$（L）であるから，その時間は $\dfrac{7}{20}x$ 分。

(2) 給水管，排水管の両方を開いていた時間は $\dfrac{12x-7x}{20-12}=\dfrac{5}{8}x$（分）であるから，

$\dfrac{7}{20}x+\dfrac{5}{8}x+x=79$

(15) **答** (1) 300 (2) 61 (3)

47	48
49	50

63	0
65	66

(解説) (1) 上から n 行目で左から $(n+2)$ 列目の数は 3 の倍数で，
$3n$（$n=1$, 2, 3, …）と表されるから，$3\times100=300$
(2) 上から n 行目で左から n 列目の数は，$3n-2$ と表されるから，$3\times21-2=61$
(3) 上から n 行目，$(n+1)$ 行目の数を考える。

	$(n-1)$ 列目	n 列目	$(n+1)$ 列目	$(n+2)$ 列目	$(n+3)$ 列目	$(n+4)$ 列目
n 行目	0	$3n-2$	$3n-1$	$3n$	0	0
$(n+1)$ 行目	0	0	$3n+1$	$3n+2$	$3n+3$	0

上の表より，次の 5 つの場合がある。

(i)

0	$3n-2$
0	0

(ii)

$3n-2$	$3n-1$
0	$3n+1$

(iii)

$3n-1$	$3n$
$3n+1$	$3n+2$

(iv)

$3n$	0
$3n+2$	$3n+3$

(v)

0	0
$3n+3$	0

(i)のとき，$3n-2=194$ $3n=196$
これを満たす正の整数 n はない。
(ii)のとき，$(3n-2)+(3n-1)+(3n+1)=194$ $9n-2=194$ $9n=196$
これを満たす正の整数 n はない。
(iii)のとき，$(3n-1)+3n+(3n+1)+(3n+2)=194$ $12n+2=194$ $n=16$
この値は問題に適する。
(iv)のとき，$3n+(3n+2)+(3n+3)=194$ $9n+5=194$ $n=21$
この値は問題に適する。
(v)のとき，$3n+3=194$ $3n=191$
これを満たす正の整数 n はない。

4章　比例と反比例

p.77

1. **答** (1) $x<8$　(2) $2<x<5$　(3) $-1\leqq x\leqq 3$　(4) $-6<x\leqq 0$

2. **答** (ア), (イ), (エ), (キ)

3. **答** (1) $0\leqq x\leqq 100$,　$0\leqq y\leqq 100$
(2) $x>0$,　$y>0$
(3) $0<x<25$,　$0<y<25$
(4) $x>0$,　$y>0$
(5) $0\leqq x\leqq 5$,　$0\leqq y\leqq 15$

4. **答** y の値が増加するもの (4), (5)
y の値が減少するもの (1), (2), (3)

p.78

5. **答** (1) 4　(2) -1　(3) $\dfrac{1}{3}$　(4) 1

6. **答** A(6, 4), B(-4, 3),
C(-2, -4), D(4, -1), E(3, 0),
F(0, 2), G(0, -5)

7. **答** 右の図

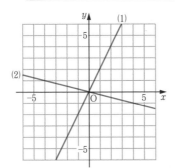

8. **答** (1)

x	$\cdots$	-4	-3	-2	-1	0	1	2	3	4	$\cdots$
y	$\cdots$	-8	-6	-4	-2	0	2	4	6	8	$\cdots$

(2)

x	$\cdots$	-8	-4	-2	-1	0	1	2	4	8	$\cdots$
y	$\cdots$	2	1	$\dfrac{1}{2}$	$\dfrac{1}{4}$	0	$-\dfrac{1}{4}$	$-\dfrac{1}{2}$	-1	-2	$\cdots$

p.79

9. **答** $y=4x$, 比例定数 4　　**解説** $y=ax$ とすると, $8=a\times 2$

10. **答** (1) $y=-\dfrac{4}{5}x$　(2) $y=28$　(3) $x=20$

解説 (1) $y=ax$ とすると, $-12=a\times 15$
(2) (1)で求めた式に $x=-35$ を代入する。
(3) (1)で求めた式に $y=-16$ を代入する。

11. **答** $y=-6$

解説 $y=ax$ とすると，$12=a\times8$ $a=\dfrac{3}{2}$

$y=\dfrac{3}{2}x$ に $x=-4$ を代入する。

p.80 **12.** **答** (1)   (2)   (3)

 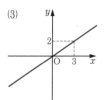

13. **答** (1)   (2)

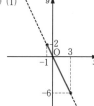

14. **答** (1) $y=-4x$ (2) $x=5$

解説 (1) $y=ax$ とおいて，$x=-\dfrac{3}{2}$，$y=6$ を代入する。

p.81 **15.** **答** (1) $-14\leqq x\leqq8$ (2) $y=-\dfrac{5}{7}x$ (3) $-\dfrac{40}{7}\leqq y\leqq10$

解説 (1) グラフより求める。

(2) $y=ax$ とおいて，$x=-14$，$y=10$ を代入する。

(3) $x=8$ のとき $y=-\dfrac{40}{7}$ であることと，グラフより求める。

16. **答** $-\dfrac{9}{4}<y\leqq3$

解説 $x=-4$ のとき $y=3$

$x=3$ のとき $y=-\dfrac{9}{4}$

グラフをかいて考える。その際，端の点をふくむか，
ふくまないかに注意する。

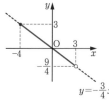

17. **答** (1) $y=1.5x$ (2) $0\leqq x\leqq4$，$0\leqq y\leqq6$

解説 (1) x 秒後に開いた部分は，縦 3m，横 0.5x m の長方形となる。

(2) $0.5x=2$ とすると，$x=4$

p.82 **18.** **答** (1) $y=2x$ (2) $0<x\leqq6$，$0<y\leqq12$

解説 (1) x と y の関係は $y=\dfrac{1}{2}\times x\times4$ となる。

19. **答** (1) $y=\dfrac{4}{7}x$ (2) 右の図

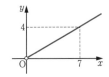

（**解説**）(1) A が 1 回転すると，B は $\dfrac{24}{42}=\dfrac{4}{7}$ 回転する

から，$x:y=1:\dfrac{4}{7}$　　ゆえに，$y=\dfrac{4}{7}x$

20. **答** (1) $\dfrac{12}{5}$ (2) 750 本

（**解説**）(1) $y=ax$ とおいて，$x=50$，$y=120$ を代入する。

(2) (1)で求めた式に $y=1800$ を代入する。

21. **答** (1) $y=\dfrac{1}{20}x$ (2) 80 cm^2

（**解説**）(1) $y=ax$ とおいて，$x=20\times20=400$，$y=20$ を代入する。

(2) (1)で求めた式に $y=4$ を代入する。

22. **答** (1)

x	2	3	4	5	6	7	8	9	10	12	16	18	24	27	32	36	72
y	2	2	3	2	4	2	4	3	4	6	5	6	8	4	6	9	12

(2) 素数 (3) いえる (4) いえない

（**解説**）(2) $y=2$ ということは，x の正の約数が 1 と x のみであるから，x は素数である。

(3) x の値を決めると，それに対応する y の値がただ 1 つ決まるから，y は x の関数といえる。

(4) たとえば y の値を 2 と決めたとき，それに対応する x の値は 2，3，5，7，…となり 1 つに決まらないから，x は y の関数といえない。

p.83 **23.** **答** (1) 3 (2) -2 (3) $\dfrac{1}{2}$ (4) $-\dfrac{5}{3}$

p.84 **24.** **答**

x	…	-8	-4	-2	-1	0	1	2	4	8	…
y	…	$-\dfrac{1}{2}$	-1	-2	-4	×	4	2	1	$\dfrac{1}{2}$	…

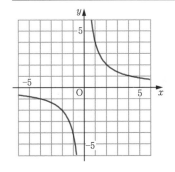

25. (答) (ウ)

26. (答) (1) (イ), 1.5 (エ), 3 (2) (ウ), 20

p.85 **27.** (答) $y=\dfrac{18}{x}$，比例定数 18

(解説) $y=\dfrac{a}{x}$ とすると，$6=\dfrac{a}{3}$

28. (答) (1) $y=-\dfrac{30}{x}$ (2) $y=-\dfrac{5}{2}$ (3) $x=\dfrac{5}{6}$

(解説) (1) $y=\dfrac{a}{x}$ とすると $a=xy$ より，$a=-6\times5$

29. (答) $y=\dfrac{16}{3}$

(解説) $y=\dfrac{a}{x}$ とすると，$a=-\dfrac{6}{5}\times\left(-\dfrac{10}{3}\right)=4$

$y=\dfrac{4}{x}$ に $x=\dfrac{3}{4}$ を代入する。

30. (答) (1)

x	-9	-3	3	6	12	15
y	15	5	-5	-10	-20	-25

(2)

x	-8	-4	2	5	10	30
y	-5	-10	20	8	4	$\dfrac{4}{3}$

(解説) (1) $x=6$ のとき $y=-10$ より，$y=-\dfrac{5}{3}x$

(2) $x=5$ のとき $y=8$ より，$y=\dfrac{40}{x}$

p.86 **31.** (答) ⑦ -24 ⑦ $\dfrac{24}{5}$

(解説) 表より $xy=24$ であるから，y は x に反比例する。

32. (答)

y が x に比例するもの	(ア)	(イ)	(オ)	(キ)
比例定数	2	-1	$\dfrac{3}{2}$	-6

y が x に反比例するもの	(エ)	(カ)	(ク)
比例定数	5	4	$\dfrac{3}{2}$

p.87 **33.** 答 (1) 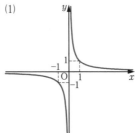 (2)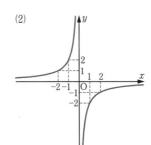

(3) 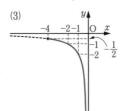 (4)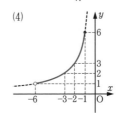

34. 答 (1) $y=-\dfrac{8}{5x}$ (2) $x=-\dfrac{16}{9}$

解説 (1) $y=\dfrac{a}{x}$ とおいて，$x=\dfrac{6}{5}$，$y=-\dfrac{4}{3}$ を代入する。

35. 答 (1) $3\leqq x<5$ (2) $y=\dfrac{18}{x}$ (3) $\dfrac{18}{5}<y\leqq 6$

解説 (1) グラフより求める。

(2) $y=\dfrac{a}{x}$ とおいて，$x=3$，$y=6$ を代入する。

(3) $x=5$ のとき $y=\dfrac{18}{5}$ であることと，グラフより求める。

36. 答 $2\leqq y\leqq 8$

解説 $x=1$ のとき $y=8$　　$x=4$ のとき $y=2$

37. 答 $a=8$，$b=4$

解説 x と y の変域より $a>0$ となるから，右の図のように，x の値が増加すると y の値は減少する。

ゆえに，$x=6$ のとき $y=\dfrac{4}{3}$ である。

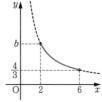

38. 答 (1) ⑦ (2) ⑦ (3) ⑦ (4) ⑦

解説 $x=1$，$x=2$ などを代入して調べる。

p.88 **39.** 答 (1) $y=\dfrac{2}{3}x$ (2) $y=-\dfrac{1}{x}$

解説 (1)は点 $(3,2)$ を通る比例のグラフ，(2)は点 $(1,-1)$ を通る反比例のグラフ

40. 答 (1) ⑦ $y=3x$　④ $y=\dfrac{12}{x}$　(2) $p=4$, $q=12$

解説 (1) ⑦, ④のグラフは, どちらも点 (2, 6) を通る。
(2) ④のグラフは, x の値が増加すると y の値は減少する。このことから, $x=1$
のとき $y=q$, $x=p$ のとき $y=3$ となる。　よって, $q=\dfrac{12}{1}$, $3=\dfrac{12}{p}$

41. 答 (1) 24　(2) 16 個

解説 (1) $y=\dfrac{a}{x}$ とおいて, $x=\dfrac{3}{2}$, $y=16$ を代入する。

(2) $y=\dfrac{24}{x}$ であるから y が整数であるためには, x の絶対値が 24 の約数であれ
ばよい。　$x=\pm1$, ±2, ±3, ±4, ±6, ±8, ±12, ±24
注 $x=\pm1$ は, $x=1$ または $x=-1$ を表す。

42. 答 (1) $y=70x$　(2) $y=x^2$　(3) $y=0.08x$ または $y=\dfrac{2}{25}x$　(4) $y=\dfrac{50}{x}$

(5) $y=1000-x$　(6) $y=\dfrac{120}{x}$

y が x に比例するもの	(1)	(3)		y が x に反比例するもの	(4)	(6)
比例定数	70	0.08		比例定数	50	120

p.89 **43.** 答 (1) $y=4x$　　　　　(2) $y=\dfrac{6}{x}$　　　　　(3) $y=\dfrac{15}{x}$

 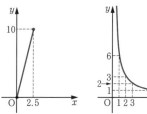 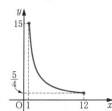

44. 答 (1) $y=\dfrac{120}{x}$　(2) (10, 12), (12, 10), (15, 8), (20, 6)

解説 (1) 球根 120 個を x 列で, 1 列あたり y 個植えるから, $xy=120$
(2) x は 120 の約数で $10\leqq x\leqq20$ を満たす整数である。

p.90 **45.** 答 (1) $y=47$　(2) $x=1$

解説 (1) $y+1$ は $x-2$ に比例するから, $y+1=a(x-2)$ (a は定数)
$x=4$ のとき $y=-9$ であるから, $-9+1=a\times(4-2)$
これを解いて, $a=-4$　よって, $y+1=-4(x-2)$
これに $x=-10$ を代入して, $y+1=-4\times(-10-2)$
ゆえに, $y=47$
(2) $y+1=-4(x-2)$ に $y=3$ を代入して, $3+1=-4(x-2)$
ゆえに, $x=1$

46. (答) $y=-6$

(解説) $y-2$ は $2x+3$ に反比例するから, $y-2=\dfrac{a}{2x+3}$ (a は定数)

$x=-6$ のとき $y=10$ であるから, $10-2=\dfrac{a}{2\times(-6)+3}$

これを解いて, $a=-72$

よって, $y-2=\dfrac{-72}{2x+3}$　　すなわち, $y=-\dfrac{72}{2x+3}+2$

$x=3$ を代入して, $y=-\dfrac{72}{2\times3+3}+2=-6$

(別解) 積が一定になるから, $(2x+3)(y-2)=\{2\times(-6)+3\}\times(10-2)$
すなわち, $(2x+3)(y-2)=-72$
これに $x=3$ を代入して, $(2\times3+3)\times(y-2)=-72$
ゆえに, $y=-6$

p.91 **47.** (答) (1) y は x に比例するから, $y=ax$ (a は定数) ……①
z は y に比例するから, $z=by$ (b は定数) ……②
①を②に代入して, $z=b\times ax$　　すなわち, $z=abx$
ゆえに, z は ab を比例定数として, x に比例する。
(2) $z=20$

(解説) (2) $z=abx$ に $x=6$, $z=10$ を代入して, $10=ab\times6$　　$ab=\dfrac{5}{3}$

よって, $z=\dfrac{5}{3}x$

$x=12$ を代入して, $z=\dfrac{5}{3}\times12=20$

48. (答) $y=37$

(解説) 比例定数が等しいから, これを a とすると, $y=ax+\dfrac{a}{x}$

$x=3$, $y=20$ を代入して, $20=3a+\dfrac{a}{3}$　　これを解いて, $a=6$

よって, $y=6x+\dfrac{6}{x}$

$x=6$ を代入して, $y=6\times6+\dfrac{6}{6}=37$

49. (答) (1)(ア) m　(イ) $-kx$　(2)(ウ) 比例　(エ) $-\dfrac{k}{a}$　(3)(オ) 比例　(カ) $-\dfrac{m}{k}$

(解説) (1) $a=-\dfrac{kx}{m}$ で kx を定数とみなすから, a は m に反比例し,
比例定数は $-kx$

(2) m について解いて, $m=\left(-\dfrac{k}{a}\right)x$　　m は x に比例し, 比例定数は $-\dfrac{k}{a}$

(3) x について解いて, $x=\left(-\dfrac{m}{k}\right)a$　　x は a に比例し, 比例定数は $-\dfrac{m}{k}$

50. （答）(1) $a=-5$　(2) $z=7$

（解説）(1) $y+a$ は $3-x$ に反比例するから，$(3-x)(y+a)$ の値は一定で，
$(3-1)(3+a)=(3-2)(1+a)$
これを解いて，$a=-5$
(2) $z-5$ は x に比例するから，b を比例定数として，$z-5=bx$ と表すことができる。
$x=4$ のとき $z=-3$ であるから，$-3-5=4b$
これを解いて，$b=-2$
$z-5=-2x$ であるから，$x=-1$ を代入して，$z=7$

p.93　**51.** （答）A─(キ)　B─(イ)　C─(ウ)　D─(オ)
E─(エ)　F─(ク)　G─(ケ)　H─(ア)

p.94　**52.** （答）(1) B$(-2,\ -3)$　(2) C$(2,\ 3)$　(3) D$(2,\ -3)$

（解説）(1) 点 A は x 軸を折り目として折り返したとき点 B に重なる。このとき，点 A と B は **x 軸について対称である**という。
(2) 点 A は y 軸を折り目として折り返したとき点 C に重なる。このとき，点 A と C は **y 軸について対称である**という。
(3) 原点を中心にして点 A を180°回転したとき点 D に重なる。このとき，点 A と D は **原点について対称である**という。

53. （答）(1) $(3,\ 1)$　(2) $\left(\dfrac{3}{2},\ -2\right)$　(3) $(2,\ -1)$　(4) $\left(3,\ -\dfrac{9}{2}\right)$

54. （答）(1) B$(-4,\ -3)$　(2) C$(2,\ 4)$　(3) D$(5,\ -5)$

55. （答）(1) 点 C と D　(2) 点 A と F，点 B と G　(3) 点 E と H

56. （答）(1) x 軸方向に -7，y 軸方向に 4
(2) x 軸方向に 10，y 軸方向に -2

p.95　**57.** （答）(1) $a=1$，$b=-1$
(2) $a=-1$，$b=-1$，A$(1,\ 2)$，B$(3,\ -2)$

（解説）(1) $a+2=-(-3a)$，$-b+1=-2b$ を解く。
(2) $(a+2)+2=-3a$，$(-b+1)-4=2b$ を解く。

58. （答）(1) $x=-3$，$y=1$　(2) $x=3$，$y=2$

（解説）(1) $\dfrac{-5+x}{2}=-4$，$\dfrac{4+(-2)}{2}=y$

(2) $\dfrac{7+x}{2}=5$，$\dfrac{-4+y}{2}=-1$

59. （答）C$(3,\ -1)$

（解説）A$(-2,\ 2)$ を x 軸方向に 7，y 軸方向に 2 だけ移動すると D$(5,\ 4)$ になるから，B$(-4,\ -3)$ を x 軸方向に 7，y 軸方向に 2 だけ移動した点が C である。

60. （答）$-\dfrac{3}{2}$

（解説）A′$(-1,\ 2)$，B′$(-2,\ 3)$ となる。
$a<0$ となるから，グラフが点 B′ を通るとき a の値は最大となる。

p.96 **61.** **答** (1) 21 cm² (2) 14 cm² (3) 23 cm²

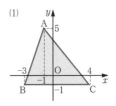

(1)

解説 (1) 底辺 BC の長さは，4－(－3)
点 A からの高さは，5－(－1)
(2) 底辺 AC の長さは，2－(－2)
点 B からの高さは，2－(－5)
(3) 右下の図のように，頂点を通り座標軸に平行な直線
をひき，長方形をつくる。

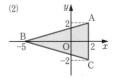

(2)

(長方形 PQRC)＝{4－(－1)}×{5－(－5)}＝50

$$\triangle AQB=\frac{1}{2}\times\{2-(-1)\}\times\{3-(-5)\}=12$$

$$\triangle BRC=\frac{1}{2}\times(4-2)\times\{5-(-5)\}=10$$

$$\triangle CPA=\frac{1}{2}\times\{4-(-1)\}\times(5-3)=5$$

$\triangle ABC$＝(長方形 PQRC)－$\triangle AQB$－$\triangle BRC$－$\triangle CPA$
＝50－12－10－5

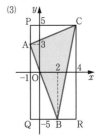

(3)

注 (3) $\triangle ABC$＝(台形 AQRC)－$\triangle AQB$－$\triangle BRC$ として
求めてもよい。

62. **答** －36

解説 A(3, a)とすると，$\triangle OAB=12$ であるから，

$$\frac{1}{2}\times4\times a=12$$

ゆえに，$a=6$
よって，反比例の式を $xy=b$ （b は定数）とおくと，
$b=3\times6=18$

$y=\dfrac{18}{x}$ に $x=-\dfrac{1}{2}$ を代入する。

63. **答** $a=\dfrac{8}{15}$

解説 P(x, ax)とすると，

$\triangle OAP=\dfrac{1}{2}\times5\times ax$, $\triangle OBP=\dfrac{1}{2}\times4\times x$ より，$\triangle OAP:\triangle OBP=5a:4$

64. **答** (1) $\dfrac{1}{4}$倍 (2) $a=16$ (3) 2 通り (4) 2 cm², 2 cm²

解説 (1) y は x に反比例する。

(2) $y=\dfrac{4}{x}$ に $x=\dfrac{1}{2}$ を代入すると $y=8$ であるから，A$\left(\dfrac{1}{2},\ 8\right)$

$y=ax$ のグラフは点 A を通るから，$8=a\times\dfrac{1}{2}$

(3) $y=\dfrac{4}{x}$ （$x>0$）のグラフ上で，x 座標，y 座標がともに整数となる点は(1, 4)，

(2, 2)，(4, 1)であるが，$a=\dfrac{y}{x}$ が整数となる点は(1, 4)，(2, 2)の 2 通り。

(4) $A\left(8, \dfrac{1}{2}\right)$ のとき，$\triangle OAB = \dfrac{1}{2} \times 8 \times \dfrac{1}{2}$

$A\left(16, \dfrac{1}{4}\right)$ のとき，$\triangle OAB = \dfrac{1}{2} \times 16 \times \dfrac{1}{4}$

注 点 A の x 座標を t とすると，y 座標は $\dfrac{4}{t}$ となるから，$\triangle OAB = \dfrac{1}{2} \times t \times \dfrac{4}{t} = 2$

$\triangle OAB$ の面積は t の値に関係なく，つねに $2\,\mathrm{cm}^2$ で一定である。

p.98 **65.** **答** (1) $7\,\mathrm{cm}^2$ (2) $1\,\mathrm{cm}^2$

(解説) (1) $\triangle OAB = \dfrac{1}{2}\,|5 \times 4 - 3 \times 2| = 7$

(2) $\triangle OAB = \dfrac{1}{2}\,|4 \times 3 - (-2) \times (-7)| = 1$

66. **答** $45\,\mathrm{cm}^2$

(解説) ①を表す式を $y = \dfrac{a}{x}$ とおくと，点 $P(3, 8)$ を通るから，

$8 = \dfrac{a}{3}$ $\quad a = 24$

ゆえに，①を表す式は，$y = \dfrac{24}{x}$

点 Q の y 座標は $x = 12$ を代入して，$y = \dfrac{24}{12} = 2$

よって，点 Q の座標は，$(12, 2)$

ゆえに，$\triangle OPQ = \dfrac{1}{2}\,|3 \times 2 - 8 \times 12| = 45$

67. **答** $OA:AC = 3:1$，$RP:RQ = 7:5$

(解説) 長方形 OARD と長方形 DRPB の面積の比が $3:1$ であるから，

$OD:DB = 3:1$

$OA:OD = 5:7$ より，$OA:OD:DB = 15:21:7$

これより，$OA = 15a$，$OD = 21a$，$DB = 7a$ とおくと，

$OB = 21a + 7a = 28a$

点 $P(15a, 28a)$ となるから，$x = 15a$，$y = 28a$ を $xy = k$ に代入して，

$k = 15a \times 28a = 420a^2$

$OD = 21a$ より，点 Q の座標を $(b, 21a)$ とすると，

$b \times 21a = 420a^2$

ゆえに，$b = 20a$

点 C の x 座標は $20a$ であるから，

$OC = 20a$

よって，$OA:OC = 15a:20a = 3:4$

ゆえに，$OA:AC = 3:1$

また，$RP = DB = 7a$，$RQ = AC = 20a - 15a = 5a$

ゆえに，$RP:RQ = 7a:5a = 7:5$

━━━━━━━ **4章の問題** ━━━━━━━

p.99 **①** **答** (1) $y=2x+10$ (2) $y=\dfrac{1}{4}x$ (3) $y=\dfrac{60}{x}$ (4) $y=\dfrac{7}{4}x$ (5) $y=45x$

y が x に比例するもの	(2)	(4)	(5)	y が x に反比例するもの	(3)
比例定数	$\dfrac{1}{4}$	$\dfrac{7}{4}$	45	比例定数	60

② **答** (ア), (ウ), (オ)

③ **答** (1)(ア) $y=\dfrac{2}{3}x$ (イ) $y=-3x$ (ウ) $y=\dfrac{6}{x}$ (2) (イ)

解説 (2) 変化した値は, (ア) $\dfrac{2}{3}\times 6-\dfrac{2}{3}\times 1=\dfrac{10}{3}$,

(イ) $(-3)\times 6-(-3)\times 1=-15$, (ウ) $\dfrac{6}{6}-\dfrac{6}{1}=-5$ である。

④ **答** $z=-\dfrac{7}{2}$

解説 x に比例する数の比例定数を a とすると, y に反比例する数の比例定数は

$7-a$ である。 よって, $z=ax+\dfrac{7-a}{y}$

$x=3$, $y=1$, $z=1$ を代入して, $1=3a+\dfrac{7-a}{1}$ これを解いて, $a=-3$

よって, $z=-3x+\dfrac{10}{y}$ $x=2$, $y=4$ を代入して, $z=-3\times 2+\dfrac{10}{4}$

p.100 **⑤** **答** (1) いえる (2) いえない
(3) $y=930$ のとき $2<x\le 5$, $y=1340$ のとき $10<x\le 20$
解説 (2) 1 つの y の値に対応する x の値は 1 つに決まらない。
(3) グラフから読みとる。

⑥ **答** (1)

x	0	100	200	300	500	800	1000
y	0	0.8	1.6	2.4	4	6.4	8

(2) 比例定数 0.008
0.008 は 1g のおもりをつるしたときのばねの伸び (cm) を表す。
(3) $y=0.008x$, $0\le x\le 1000$, $0\le y\le 8$

⑦ **答** (1) $(-8,\ -6)$ (2) $y=\dfrac{3}{4}x$

解説 (2) 求める式は, 点 $(8,\ -6)$ を y 軸について対称移動した点 $(-8,\ -6)$
を通るグラフの式である。

⑧ **答** (1) Q$(-2,\ 9)$ (2) P$(6,\ -4)$
解説 Q$(x,\ y)$ とすると, $x=a-6$, $y=b+4$
(2) $a-6=0$, $b+4=0$

9 答 (1) $\dfrac{19}{2}$ cm²

(2) A′(2, −4), B′(−1, 3), C′(3, 0)

(3) A″(4, 1), B″(1, −6), C″(5, −3)

(4) D(0, −7)

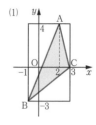

解説 (1) 右の図より, △ABC={3−(−1)}×{4−(−3)}

$-\dfrac{1}{2}\times\{2-(-1)\}\times\{4-(-3)\}$

$-\dfrac{1}{2}\times\{3-(-1)\}\times3-\dfrac{1}{2}\times(3-2)\times4$

(4) 右の図のように, C は点 A を x 軸方向に 1, y 軸方向に −4 だけ移動した点であるから, D は点 B を x 軸方向に 1, y 軸方向に −4 だけ移動した点となる。

p.101 **10** 答 $\dfrac{3}{2}$

解説 点 A の x 座標を x とすると, 点 B の x 座標は $x+6$

ゆえに, AC=$\dfrac{10}{x}$, BD=$\dfrac{10}{x+6}$

AC=5BD であるから, $\dfrac{10}{x}=5\times\dfrac{10}{x+6}$

ゆえに, $\dfrac{x}{10}=\dfrac{x+6}{50}$

11 答 $t=4$

解説 y は x に反比例するから, xy は一定である。よって, $2(t+8)=8(t-1)$

12 答 B$\left(a,\ \dfrac{4}{3}a\right)$, D$\left(\dfrac{8}{3}a,\ 3a\right)$

解説 B$(a,\ b)$ とすると, C$(2b,\ b)$ AB=$3a-b$, BC=$2b-a$

AB=BC より, $3a-b=2b-a$ よって, $3b=4a$

13 答 (1) P$\left(\dfrac{a}{2},\ 2\right)$, Q$\left(\dfrac{a}{4},\ 4\right)$ (2) $a=\dfrac{32}{3}$

解説 (1) $y=\dfrac{a}{x}$ に $y=2$, $y=4$ を代入する。

(2) (台形 APQD)$=\dfrac{1}{2}\times\left(\dfrac{a}{4}+\dfrac{a}{2}\right)\times(4-2)$, (長方形 ABCD)$=8\times(4-2)$

14 答 (1) A(2, 6) (2) $a=12$ (3)(i) $S=\dfrac{t^2}{6}$ (ii) $S=6$

解説 (1) 点 B の y 座標は, $3\times(-2)=-6$

点 B と A は原点について対称である。

(2) $y=\dfrac{a}{x}$ に $x=2$, $y=6$ を代入する。

(3)(i) P$\left(\dfrac{t}{3},\ t\right)$, Q$(0,\ t)$ より, PQ$=\dfrac{t}{3}$, OQ$=t$ であるから, $S=\dfrac{1}{2}\times\dfrac{t}{3}\times t$

(ii) P$\left(\dfrac{12}{t},\ t\right)$, Q$(0,\ t)$ より, PQ$=\dfrac{12}{t}$, OQ$=t$ であるから, $S=\dfrac{1}{2}\times\dfrac{12}{t}\times t$

5章　平面図形

p.104 　**1.** 答 (ア) 線分　(イ) 距離　(ウ) 半直線　(エ) 平行　(オ) $\ell /\!/ m$　(カ) 垂線　(キ) $\ell \perp m$
　　　　　(ク) 円（または 円周）　(ケ) 弧　(コ) $\overset{\frown}{AB}$　(サ) 弦　(シ) 直径　(ス) 垂直二等分線
　　　　　(セ) 二等分線　(ソ) 接線　(タ) 接点　(チ) 垂直

　2. 答 6
　　　 (解説) 直線 AB, BC, CD, DA, AC, BD

　3. 答 (1) 5cm　(2) 45°　(3) 14cm
　　　 (解説) (3) EM は辺 BC の垂直二等分線であるから，EB＝EC

　4. 答 (1) 60°　(2) 90°

p.105 　**5.** 答 $\dfrac{15}{2}$cm

　　　 (解説) $AG＝16－4＝12$　　　$AC＝\dfrac{1}{4}AG＝3$

　　　 $CE＝\dfrac{1}{2}CG＝\dfrac{3}{2}AC$ より，$AE＝AC＋CE＝\dfrac{5}{2}AC$

　6. 答 $AM＝6cm$, $MN＝\dfrac{7}{2}cm$

　　　 (解説) $AM＝\dfrac{1}{2}AC＝\dfrac{1}{2}(7＋5)$

　　　 $MN＝MC－NC＝6－\dfrac{5}{2}$

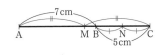

　7. 答 $\dfrac{20}{3}$cm

　　　 (解説) $AC＝x$cm とする。
　　　 $AM＝x－1$, $AM＝BM$ より，
　　　 $BC＝AM－1＝x－2$　また，$AD＝BC$
　　　 よって，$DB＝2AM＋BC＝3x－4$
　　　 $DB＝16$ であるから，$3x－4＝16$

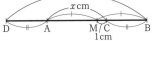

　　　 (別解) 線分 AM 上に点 E を，$EM＝1cm$ となるようにとる。

　　　 $DA＝AE＝CB$ より，$AE＝\dfrac{1}{3}(16－2)＝\dfrac{14}{3}$

　　　 ゆえに，$AC＝AE＋EC＝\dfrac{14}{3}＋2$

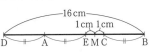

p.106 　**8.** 答 70°
　　　 (解説) 半直線 OP は ∠AOC の二等分線であるから，∠AOP＝∠COP

　　　 また，$∠AOC＝180°－40°＝140°$　　$∠AOP＝\dfrac{1}{2}∠AOC$

　9. 答 24°
　　　 (解説) $∠AOP＝\dfrac{1}{2}∠AOB＝57°$, $∠COP＝\dfrac{1}{2}∠COD＝33°$ より，

　　　 $∠AOC＝∠AOP－∠COP$

p.109　**10.** 答　(1) (ア), (ウ), (エ), (カ), (ク)　(2) (イ), (オ), (カ)

11. 答　(1) 辺BC　(2) ∠F　(3) GH=7cm, ∠E=65°

12. 答　$\dfrac{2}{3}$ 倍

13. 答　(1) (イ), (ウ)　(2) (イ), (ウ), (エ)　(3) (イ), (エ)

p.110　**14.** 答　(1) 1　(2) 5　(3) 6

(1)　　　　　　　　　　(2)　　　　　　　　　　(3)

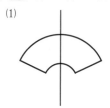　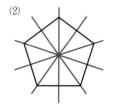　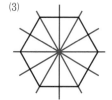

(解説) (3) 対応する頂点や辺の中点を通る直線をひく。

15. 答

(1)　　　　　　　　　　(2)　　　　　　　　　　(3)

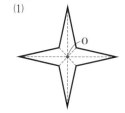　　

(解説) 対応する頂点を結ぶ線分の交点が O である。
なお, この線分を 2 本ひけば, 交点 O が求められる。

p.111　**16.** 答

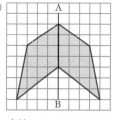

17. 答

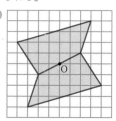

18. 答　直線 AB,
線分 AB の垂直二等分線

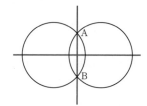

19. 答

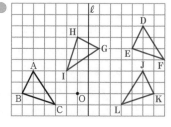

p.112 **20.** 答 (1) ⑦, ㋕, ㋖

(2) ㋑, ㋓, ㋔, ㋗

p.113 **21.** 答 (1) 直線 CH　(2) 135°

解説 (2) 辺 AD と FE のつくる角は 45° である。

22. 答 104°

解説 ∠COX＝∠C′OX

また，∠C′OY＝∠C″OY

よって，∠COC″＝2(∠C′OX＋∠C′OY)

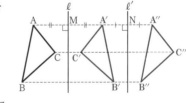

23. 答 (1) 76°　(2) 16°

解説 ∠AOX＝a° とする。

(1) ∠BOX＝∠AOX＝a°

∠XOY＝38° より，∠AOY＝38°－a°

∠COY＝∠BOY＝38°＋a°

∠AOC＝∠AOY＋∠COY＝38°－a°＋38°＋a°

(2) ∠BOY＋∠COY＝∠BOC より，

2($38＋a$)＝120　a＝22

∠AOY＝38°－a°

24. 答 直線 ℓ, ℓ' に垂直な方向で，12cm
右へ平行移動

解説 線分 AA″ と直線 ℓ, ℓ' との交点を
それぞれ M, N とする。AA″⊥ℓ,
AA″⊥ℓ' であり，また，AM＝MA′,
A′N＝NA″, MA′＋A′N＝6 より，
AA″＝AM＋MA′＋A′N＋NA″
＝2(MA′＋A′N)＝12
同様に，線分 BB″, CC″ はともに直線
ℓ, ℓ' に垂直で，その長さは 12cm である。

p.114 **25.** 答 (1) 直線 AC に平行で，線分 AC の長さだけ右へ平行移動

(2) C (C′) を中心として，時計まわりに 90°の回転移動

(3) 線分 AA′ の中点を中心として，180°の回転移動（点対称移動）

(4) 線分 BC (B′C′) の垂直二等分線を対称軸とする対称移動

26. 答 (1)

(2)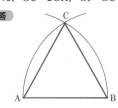

(解説) (2) 折り目が対称軸となる。取り除かれた部分は，折り目について対称な図形である。

27. 答 (1) 30°　(2) 正三角形　(3) 2：1

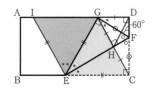

(解説) (1) 四角形 GECF は，直線 EF を対称軸とする線対称な図形である。

(2) GD＝GH

また，∠DGH＝2∠DGF＝2×30°＝60°

(3) (2)と同様に，△GEC は正三角形である。

また，GC＝2GH，GI＝GC

p.116 **28.** 答

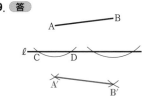

(解説) ① A を中心として半径 AB の円をかく。

② B を中心として半径 AB の円をかき，①の円との交点を C とする。

③ 点 A と C，点 B と C を結ぶ。

29. 答

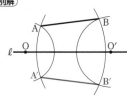

(解説) ① A を中心として適当な半径の円をかき，直線 ℓ との交点を C，D とする。

② C，D をそれぞれ中心として①と同じ半径の円をかき，2つの円の交点のうち，A と異なる点を A′ とする。

③ ①，②と同様に，直線 ℓ について点 B と対称な点 B′ をとる。

④ 点 A′ と B′ を結ぶ。

(別解)

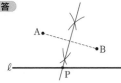

(解説) ① 直線 ℓ 上に適当な点 O，O′ をとる。

② O を中心とする半径 OA の円と，O′ を中心とする半径 O′A の円との交点のうち，A と異なる点を A′ とする。

③ O を中心とする半径 OB の円と，O′ を中心とする半径 O′B の円との交点のうち，B と異なる点を B′ とする。

④ 点 A′ と B′ を結ぶ。

30. 答

(解説) ① 線分 AB の垂直二等分線をひく。

② 直線 ℓ と①の直線との交点を P とする。

31. 答

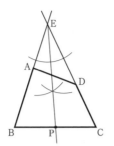

(解説) ① 辺 BA，CD をそれぞれ延長した
直線をひき，その交点を E とする。
② ∠AED の二等分線をひき，辺 BC との
交点を P とする。

32. 答

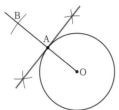

(解説) ① 直線 OA をひく。
② A を中心として半径 OA の円をかき，
直線 OA との交点のうち，O と異なる点
を B とする。
③ 線分 OB の垂直二等分線をひく。
(参考) ②，③は，直線 OA 上の点 A を通り，
OA に垂直な直線をひくと考えてもよい。

p.117　**33.** 答

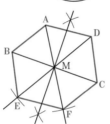

(解説) ① 線分 BC の垂直二等分線をひき，
BC との交点を M とする。
② M を中心として半径 MA の円をかき，
直線 MA との交点のうち，A と異なる点
を F とする。
③ M を中心として半径 MD の円をかき，
直線 MD との交点のうち，D と異なる点
を E とする。
④ 点 B と E，点 E と F，点 F と C を結ぶ。

34. 答

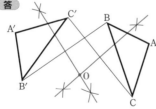

(解説) ① 線分 BB′ の垂直二等分線をひく。
② 線分 CC′ の垂直二等分線をひく。
③ ①，②の直線の交点を O とする。
(参考) 線分 AA′ の垂直二等分線を使っても
よい。

35. 答

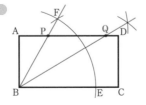

(解説) ① B を中心として適当な半径の円
をかき，直線 BC との交点を E とする。
② E を中心として①と同じ半径の円をか
き，①の円との交点を F とする。
③ 直線 BF と辺 AD との交点を P とする。
④ ∠FBE の二等分線と辺 AD との交点を
Q とする。

36. 答

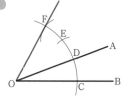

別解

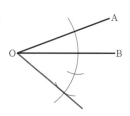

(解説) ① O を中心として適当な半径の円をかき，半直線 OB, OA との交点をそれぞれ C, D とする。
② D を中心として半径 CD の円をかき，①の円との交点のうち，C と異なる点を E とする。
③ E を中心として半径 CD の円をかき，①の円との交点のうち，D と異なる点を F とする。
④ 点 O と F を結ぶ。

p.118 **37.** 答

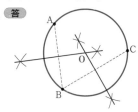

(解説) ① 線分 AB の垂直二等分線をひく。
② 線分 BC の垂直二等分線をひき，①の直線との交点を O とする。
③ O を中心として半径 OA の円をかく。
(参考) 線分 CA の垂直二等分線を使ってもよい。

38. 答

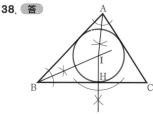

(解説) ① ∠A の二等分線をひく。
② ∠B の二等分線をひき，①の直線との交点を I とする。
③ 点 I を通り，辺 BC に垂直な直線をひき，BC との交点を H とする。
④ I を中心として半径 IH の円をかく。
(参考) ∠C の二等分線を使ってもよい。

39. 答

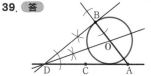

(解説) ① 点 B を通り，線分 AB に垂直な直線をひき，直線 AC との交点を D とする。
② ∠ADB の二等分線をひき，線分 AB との交点を O とする。
③ O を中心として半径 OB の円をかく。

p.119 **40.** 答

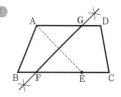

(解説) ① 線分 AE の垂直二等分線をひく。
② ①の直線と辺 BC, DA との交点をそれぞれ F, G とする。

41. 答

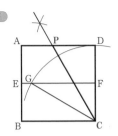

解説 ① C を中心として半径 CD の円をかき，線分 EF との交点を G とする。
② ∠GCD の二等分線と辺 AD との交点を P とする。
参考 線分 DG の垂直二等分線と辺 AD との交点を P としてもよい。

42. 答

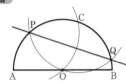

解説 ① P を中心として半径 OP の円をかき，半円 O との交点を C とする。
② C を中心として半径 OC の円をかき，半円 O との交点のうち，P と異なる点を Q とする。
③ 点 P と Q を結ぶ。
参考 ② 線分 OC の垂直二等分線と半円 O との交点のうち，P と異なる点を Q としてもよい。

p.120 **43.** 答

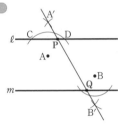

解説 ① A を中心として適当な半径の円をかき，直線 ℓ との交点を C，D とする。
② C，D をそれぞれ中心として①と同じ半径の円をかき，2 つの円の交点のうち，A と異なる点を A′ とする。
③ ①，②と同様に，直線 m について点 B と対称な点 B′ をとる。
④ 直線 A′B′ をひき，直線 ℓ，m との交点をそれぞれ P，Q とする。

44. 答

解説 ① O を中心として線分 OP を半径とする円をかく。
② 半直線 OA 上の適当な点を中心として点 P を通る円をかき，①の円との交点を C とする。
③ 半直線 OB 上の適当な点を中心として点 P を通る円をかき，①の円との交点を D とする。
④ 直線 CD をひき，半直線 OA，OB との交点をそれぞれ M，N とする。

参考 進んだ問題 43 の解説①，②と同様に，半直線 OA について点 P と対称な点 C を求めてもよい。

p.121 **45.** 答 (1) $72°$ (2) $160°$

p.122 **46.** 答 (1) $\dfrac{3}{8}$ 倍 (2) $\dfrac{7}{10}$ 倍

47. 答 (1) 周の長さ $10\pi\,\text{cm}$，面積 $25\pi\,\text{cm}^2$

(2) 周の長さ $\dfrac{3}{4}\pi\,\text{cm}$，面積 $\dfrac{9}{64}\pi\,\text{cm}^2$

(3) 周の長さ $7\pi\,\text{cm}$，面積 $\dfrac{49}{4}\pi\,\text{cm}^2$

48. （答） (1) 弧の長さ $\dfrac{3}{4}\pi$cm，面積 $\dfrac{9}{8}\pi$cm²

(2) 弧の長さ $\dfrac{25}{3}\pi$cm，面積 $\dfrac{125}{3}\pi$cm²

(3) 弧の長さ 22πcm，面積 165πcm²

49. （答） (1) $x=90$ (2) $x=81$ (3) $x=150$

50. （答） (ア)，(ウ)

（解説）1つの円または半径の等しい円で，弧の長さは中心角の大きさに比例するが，弦の長さは中心角の大きさに比例しない。

51. （答） (1) 周の長さ $(2\pi+8)$cm，面積 $(16-4\pi)$cm²

(2) 周の長さ 16πcm，面積 40πcm²

p.123 **52.** （答） (1) 60πcm² (2) $\dfrac{27}{2}\pi$cm²

（解説） (1) $\dfrac{1}{2}\times8\pi\times15$ (2) $\dfrac{1}{2}\times\dfrac{36}{7}\pi\times\dfrac{21}{4}$

53. （答） (1) $144°$ (2) $105°$

（解説） (1) 中心角を $a°$ とすると，

$\pi\times5^2\times\dfrac{a}{360}=10\pi$

(2) 中心角を $a°$ とすると，

$2\pi\times24\times\dfrac{a}{360}=14\pi$

54. （答） (1) $\dfrac{8}{3}$cm (2) $\dfrac{9}{2}\pi$cm (3) $(21\pi+40)$cm

（解説） (1) 半径を $r$cm とすると，

$\dfrac{1}{2}\times6\pi\times r=8\pi$

(2) 弧の長さを ℓcm とすると，

$\dfrac{1}{2}\ell\times8=18\pi$

(3) 半径を $r$cm とすると，

$\dfrac{1}{2}\times21\pi\times r=210\pi$ より，$r=20$

ゆえに，$21\pi+20\times2$

55. （答） (1) $80°$ (2) $\dfrac{8}{9}\pi$cm (3) $\dfrac{16}{9}\pi$cm²

（解説） (1) $360°\times\dfrac{2}{2+3+4}$

(2) $2\pi\times2\times\dfrac{2}{2+3+4}$

(3) $\pi\times2^2\times\dfrac{4}{2+3+4}$

p.124 **56.** (答) (1) 5:4　(2) 1:1

(解説) (1) 線分 AB の長さを $2r$cm とする。

(上側の半円の面積の和)$=\pi r^2\times\dfrac{1}{2}+\pi\times(3r)^2\times\dfrac{1}{2}=5\pi r^2$

(下側の半円の面積の和)$=\pi\times(2r)^2\times\dfrac{1}{2}\times2=4\pi r^2$

(2) (上側の半円の弧の長さの和)$=2\pi r\times\dfrac{1}{2}+2\pi\times3r\times\dfrac{1}{2}=4\pi r$

(下側の半円の弧の長さの和)$=2\pi\times2r\times\dfrac{1}{2}\times2=4\pi r$

(注) 半円では，(直径)：(半円の弧の長さ)$=2:\pi$ となる。

57. (答) (1) $\left(\dfrac{65}{6}\pi+10\right)$ cm　(2) $\dfrac{325}{12}\pi$cm²

(解説) (1) $2\pi\times9\times\dfrac{150}{360}+2\pi\times4\times\dfrac{150}{360}+(9-4)\times2$

(2) $\pi\times9^2\times\dfrac{150}{360}-\pi\times4^2\times\dfrac{150}{360}$

p.125 **58.** (答) (1) $(18\pi-36)$cm²　(2) $(4\pi-8)$cm²

(3) $\left(27-\dfrac{27}{4}\pi\right)$cm²

(解説) (1) 求める面積は，図1の赤色部分の面積の8倍である。

$\left(\pi\times3^2\times\dfrac{1}{4}-\dfrac{1}{2}\times3^2\right)\times8$

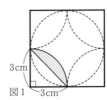

3cm

図1　3cm

(2) 図2のように，⑦の面積は
④の面積に等しいから，影の部
分の面積は，図3の赤色部分の
面積である。

$\pi\times4^2\times\dfrac{1}{4}-\dfrac{1}{2}\times4^2$

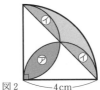

図2　4cm

図3　4cm

(3) 図4の赤色部分の面積は，
1辺の長さが6cm の正方形の面

積から半径3cm の円の面積をひいた面積の $\dfrac{1}{4}$ である

から，$(6^2-\pi\times3^2)\times\dfrac{1}{4}=9-\dfrac{9}{4}\pi$

よって，求める面積は，$6^2-\pi\times6^2\times\dfrac{1}{4}-\left(9-\dfrac{9}{4}\pi\right)$

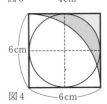

6cm

図4　6cm

59. **答** $\left(24 - \dfrac{9}{2}\pi\right)\text{cm}^2$

解説 3つのおうぎ形の中心角の和は $180°$ であるから，

$$\dfrac{1}{2}\times 8\times 6 - \pi\times 3^2\times\dfrac{1}{2}$$

60. **答** $24\pi\,\text{cm}^2$

解説 右の図の赤色部分のおうぎ形の面積を2倍する。

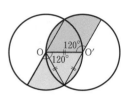

$$\pi\times 6^2\times\dfrac{120}{360}\times 2$$

61. **答** $6\pi\,\text{cm}^2$

解説 右の図で，㋐と㋑，㋒と㋓の面積はそれぞれ等しいから，求める面積は，中心角 $60°$ のおうぎ形の面積と等しい。

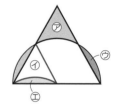

$$\pi\times 6^2\times\dfrac{60}{360}$$

62. **答** (1) $3\pi\,\text{cm}$　(2) $(72-18\pi)\,\text{cm}^2$

(3) $(18\pi-36)\,\text{cm}^2$

解説 (1) $\angle\text{FBC}=45°$ より，

$$2\pi\times 12\times\dfrac{45}{360}$$

(2) △BCD の面積からおうぎ形 BCF の面積をひく。

$$\dfrac{1}{2}\times 12^2 - \pi\times 12^2\times\dfrac{45}{360}$$

(3) △AED の面積から㋐の面積をひく。

$$12^2\times\dfrac{1}{4} - (72-18\pi)$$

参考 おうぎ形 BFA の面積から △ABE の面積をひいてもよい。

$$\pi\times 12^2\times\dfrac{45}{360} - 12^2\times\dfrac{1}{4}$$

p.126 **63.** **答** $x=80$

解説 半径 $2\,\text{cm}$ の半円の面積と，半径 $3\,\text{cm}$，中心角 $x°$ のおうぎ形の面積が等しい。

$$\pi\times 2^2\times\dfrac{1}{2} = \pi\times 3^2\times\dfrac{x}{360}$$

64. **答** $\dfrac{8}{3}\pi\,\text{cm}^2$

解説 おうぎ形 ACC′ と △ABC の面積の和から，おうぎ形 ABB′ と △AB′C′ の面積の和をひく。

(おうぎ形 ACC′)＋△ABC－{(おうぎ形 ABB′)＋△AB′C′}

＝(おうぎ形 ACC′)－(おうぎ形 ABB′)

$$=\pi\times 5^2\times\dfrac{60}{360} - \pi\times 3^2\times\dfrac{60}{360}$$

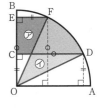
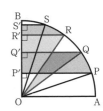

65. (答) (1) 12π cm (2) $(50\pi+48)$ cm^2

(解説) 頂点 B は，下の図のように動く。

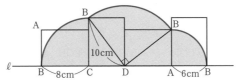

(1) $2\pi\times8\times\dfrac{1}{4}+2\pi\times10\times\dfrac{1}{4}+2\pi\times6\times\dfrac{1}{4}$

(2) $\pi\times8^2\times\dfrac{1}{4}+\pi\times10^2\times\dfrac{1}{4}+\pi\times6^2\times\dfrac{1}{4}+\dfrac{1}{2}\times6\times8+\dfrac{1}{2}\times8\times6$

66. (答) (1) $4:9$ (2) $\dfrac{18}{5}\pi$ cm^2

(解説) (1) 右の図で，$\overset{\frown}{\text{BF}}=\overset{\frown}{\text{DA}}$ より，EF＝CO

$\overset{\frown}{\text{BD}}=\overset{\frown}{\text{FA}}$ より，CD＝EO

$\triangle$FEO$=\dfrac{1}{2}\times$EF$\times$EO，$\triangle$OCD$=\dfrac{1}{2}\times$CO$\times$CD である

から，$\triangle$FEO$=\triangle$OCD

よって，右の図の⑦と⑦の面積は等しい。

ゆえに，図形 CDFE の面積は，おうぎ形 ODF の面積
に等しい。

すなわち，影の部分の面積は，おうぎ形 ODF の面積に等しい。

（影の部分）：（おうぎ形 OAB）＝$(90-25\times2):90=4:9$

(2) 右の図で，(1)と同様に，

（図形 P′PSS′）＝（おうぎ形 OPS）

（図形 Q′QRR′）＝（おうぎ形 OQR）

影の部分の面積の和は，図形 P′PSS′ の面積から
図形 Q′QRR′ の面積をひいたものであるから，

（おうぎ形 OPS）－（おうぎ形 OQR）の面積に等しい。

ゆえに，$\pi\times6^2\times\dfrac{18\times3}{360}-\pi\times6^2\times\dfrac{18}{360}=\dfrac{18}{5}\pi$

(注) (1) $\triangle$FEO と $\triangle$OCD は合同である。

============ **5章の問題** ============

p.127 **1** **答** $\dfrac{3}{2}a° - 90°$

(解説) $\angle AOE = \angle DOE = a°$ より，$\angle COD = \angle BOD = 180° - 2a°$

ゆえに，$\angle COF = \dfrac{1}{2}\angle EOC = \dfrac{1}{2}(\angle EOD - \angle COD) = \dfrac{1}{2}\{a° - (180° - 2a°)\}$

2 **答** 周の長さ $20\pi\,\text{cm}$，面積 $(50\pi + 100)\,\text{cm}^2$

(解説) 周の長さは，直径 $10\,\text{cm}$ の円周の 2 倍であるから，
$\pi \times 10 \times 2$
面積は，1 辺の長さが $10\,\text{cm}$ の正方形の面積と，直径
$10\,\text{cm}$ の円の面積の 2 倍の和であるから，
$10^2 + \pi \times 5^2 \times 2$

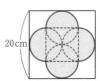

3 **答** (1)(i) $\dfrac{7}{4}\,\text{cm}^2$ (ii) $\left(\dfrac{1}{2}\pi - 1\right)\text{cm}^2$ (2) 右の図

(解説) (1)(i) $2 \times 1^2 - \dfrac{1}{2} \times \dfrac{1}{2} \times 1$ (ii) $\left(\pi \times 1^2 \times \dfrac{1}{4} - \dfrac{1}{2} \times 1^2\right) \times 2$

(2) 黒くぬる部分を左に $1\,\text{cm}$，下に $1\,\text{cm}$ 平行移動した図形をかいてみると，その両方をふくむ最小の三角形が求める三角形である。

4 **答** (1) $20\,\text{cm}^2$ (2) $\dfrac{72}{5}\,\text{cm}^2$

(解説) (1) 図 1 で，$\angle AOB + \angle COD = 180°$ であるから，$\triangle AOB$ を，O を中心として反時計まわりに $90°$ 回転させ，$\triangle BAD$ の面積を求めればよい。
(2) 図 2 の面積を求めればよい。
$\triangle ABC : \triangle OBC = 12 : 5$
$\triangle OBC = 6$ より，$\triangle ABC = \dfrac{12}{5} \times \triangle OBC$

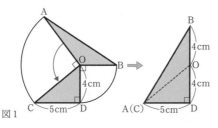 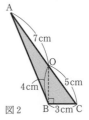

図1　　　　　　　　　　　　図2

p.128 **5** 答 (1)

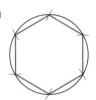

解説 ① 適当な半径の円をかく。
② コンパスを使って，①の円の半径の長さに等しい弦で円周を6等分する点をかく。
③ 隣り合う点を順に結ぶ。

(2)

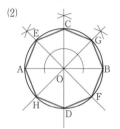

解説 ① 適当な半径の円Oをかき，直径ABをひく。
② 中心Oを通る直径ABの垂線をひき，円Oとの交点をC，Dとする。
③ ∠AOC，∠BOCの二等分線をそれぞれひき，円Oとの交点を図のようにE，F，G，Hとする。（線分CA，BCの垂直二等分線をひいてもよい）
④ 隣り合う点を順に結ぶ。

注 (1) 右の図のように，正六角形の頂点はすべて円周上にあり，1辺の長さは半径と等しい。

6 答

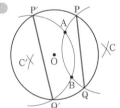

解説 ① A，Bを中心として円Oと等しい半径の円をかき，交点をC（C′）とする。
② C（C′）を中心として円Oと等しい半径の円をかき，円Oとの交点をP，Q（P′，Q′）とする。
③ 弦PQ（P′Q′）が折り目となる弦である。
注 2点A，Bは円Oと半径の等しい円の周上にある。

7 答 (1) 4：1 (2) 10：7
解説 (1) △BGHと△BCHは合同である。
また，㋐と㋑の面積の比が3：2であるから，
（台形ABHD）：△BCH＝(3+1)：1
(2) (1)より，(AB+DH)：CH＝4：1
AB＝DH+CH
よって，DH：CH＝3：2
（㋐の周の長さ）：（㋑の周の長さ）
＝(5×3+2+3)：{(5+2)×2}

参考 (2) ㋐の周の長さは正方形ABCDの周の長さと等しいから，5×3+2+3 の代わりに 5×4 としてもよい。

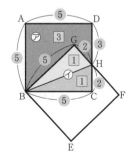

8 **答** (1) $\dfrac{8}{3}\pi\,\mathrm{cm}$ (2) $\dfrac{10}{3}\pi\,\mathrm{cm}^2$

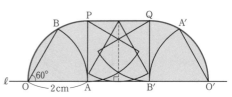

解説 (1) 右の図の線分 PQ の長さは, おうぎ形の $\overparen{AB}$ の長さに等しいから,

$$PQ=2\pi\times2\times\dfrac{60}{360}=\dfrac{2}{3}\pi$$

また, $\overparen{OP}$, $\overparen{QO'}$ の長さは, それぞれ $2\pi\times2\times\dfrac{1}{4}=\pi$

(2) 求める面積は, おうぎ形 APO と長方形 AB′QP とおうぎ形 B′O′Q の面積の和となる. $\pi\times2^2\times\dfrac{1}{4}+\dfrac{2}{3}\pi\times2+\pi\times2^2\times\dfrac{1}{4}$

9 **答**

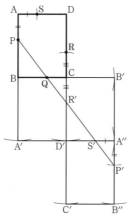

解説 ① 長方形 ABCD を辺 BC について対称移動した長方形 A′BCD′ をかく.
② 長方形 A′BCD′ を辺 CD′ について対称移動した長方形 A″B′CD′ をかく.
③ 長方形 A″B′CD′ を辺 D′A″ について対称移動した長方形 A″B″C′D′ をかく.
④ 辺 A″B″ 上に点 P′ を, A″P′＝AP を満たすようにとり, 点 P と P′ を結ぶ.
⑤ 線分 PP′ と辺 BC, CD′, D′A″ との交点をそれぞれ Q, R′, S′ とする.
⑥ 辺 CD 上に点 R を, 辺 DA 上に点 S をそれぞれ CR＝CR′, AS＝A″S′ を満たすようにとる.

注 上の図で, 辺 A″B″ 上に点 P′ を, A″P′＝AP を満たすようにとる. 辺 CD′ 上に点 R′, 辺 D′A″ 上に点 S′ があるとき, PQ＋QR′＋R′S′＋S′P′ を最小にするには, 4つの線分 PQ, QR′, R′S′, S′P′ が一直線上にあればよい. 点 R, S については CR＝CR′, AS＝A″S′ を満たすようにとればよい.

別解

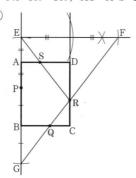

解説 ① 辺 AD について点 P と対称な点 E をとる.
② 直線 CD について点 E と対称な点 F をとる.
③ 辺 BC について点 P と対称な点 G をとる.
④ 点 F と G を結び, 辺 BC, CD との交点をそれぞれ Q, R とする.
⑤ 点 E と R を結び, 辺 AD との交点を S とする.

6章　空間図形

p.131 **1.** （答） (ア) 交わる　(イ) 平行　(ウ) ねじれの位置　(エ) 交わる　(オ) 平行　(カ) 垂直
(キ) 垂線　(ク) 交わる　(ケ) 平行

2. （答） (ア)，(イ)，(エ)
（解説） (オ) 3直線が同じ平面上になければ，3直線をふくむ平面は存在しない。
同じ平面上にあれば，平面は1つに定まる。

p.132 **3.** （答） (1) 辺 BF，CG，DH　(2) 辺 BF，CG，EF，GH　(3) 辺 AB，AE，CD，DH
(4) 面 EFGH　(5) 辺 BC，BF，CG，FG　(6) 面 CDHG，EFGH
（解説） 辺と辺の位置関係は，それぞれの辺をふくむ2直線の位置関係で考える。
辺と面の位置関係は，その辺をふくむ直線とその面をふくむ平面の位置関係で考
える。
面と面の位置関係は，それぞれの面をふくむ2平面の位置関係で考える。

4. （答） 辺 OA と BC，辺 OB と AC，辺 OC と AB

5. （答） 6
（解説） 平面の決定条件「1つの直線とその直線上にない1点」より，直線 AB と
点 O で平面が1つできる。同様に，直線 BC，CD，DA，AC，BD においても
それぞれ平面が1つずつできる。
（参考） 平面の決定条件「同じ直線上にない3点」から考えてもよい。

p.134 **6.** （答） (1) 辺 CN，EF
(2) 辺 AE，EF，EG，EM，GN
(3) 辺 AB，AM，BC，CN，MN，EF，EG，FG
(4) 面 EFG　(5) 面 ABCNM，AEM，BFGC，EFG
(6) 面 BFGC，CNG　(7) 辺 AB，CN，EF
（解説） 頂点 A をふくむほうの立体は右の図のように
なる。

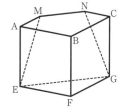

7. （答） (1) 平行である。
(2) AB⊥AE，AB⊥AD であるが，辺 AE と AD は平行ではない。
(3) 面 ABCD // EF，面 ABCD // EH であるが，辺 EF と EH は平行ではない。
(4) 平行である。
(5) AB // 面 EFGH，AB // 面 CDHG であるが，2つの面 EFGH，CDHG は平行
ではない。
(6) 平行である。　(7) 平行である。
(8) 面 ABCD⊥面 AEFB，面 ABCD⊥面 BFGC であるが，2つの面 AEFB，
BFGC は平行ではない。

8. （答） (イ)，(ウ)，(エ)
（解説） （反例） (ア) ℓ と m がねじれの位置にあるとき。
(オ) 右の図で，辺 EH と FG は面 EFGH にふくまれ，
EH⊥EF かつ FG⊥EF であるが，辺 EF と面 EFGH
は垂直ではない。
(カ) 右の図で，辺 AD と BF はねじれの位置にあり，
面 ABCD は AD をふくむが，BF と面 ABCD は平行
ではない。

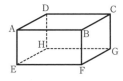

p.135 **9.** 答 (1) $\ell \,/\!/\, Q$ (2) $P \,/\!/\, Q$ (3) $m \perp P$ (4) $\ell \perp Q$ (5) $\ell \,/\!/\, m$

解説

(1)　　　(2)　　　(3)　　　(4)　　　(5)

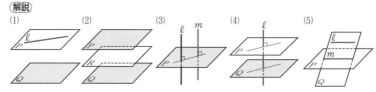

10. 答 (1) 90° (2) 60° (3) 45° (4) 90° (5) 45°

解説 (2) △AFC は正三角形である。

(3) 求める角は，直線 AB と AF のつくる角に等しい。

(4) AE⊥AD，AB⊥AD より，平面 AEFB⊥AD である。辺 AD は平面 AFGD にふくまれるから，平面 AEFB⊥平面 AFGD

(5) 求める角は，交線 FG に垂直な直線 FA と FE のつくる角に等しい。

11. 答 (ア) 平行 (イ) ねじれの位置 (ウ) 平面
(エ) 交線 (オ) 交点

p.138 **12.** 答 (ア) 長方形 (イ) 三角形 (ウ) 長方形
(エ) おうぎ形 (オ) 円柱 (カ) 円すい (キ) 球

13. 答 右の図

p.139 **14.** 答 (1)─(エ) (2)─(ウ) (3)─(オ) (4)─(ア) (5)─(イ)

15. 答 (1) 四角すい (2) 三角柱

16. 答 (1) 直方体 　　　 (2) 円柱

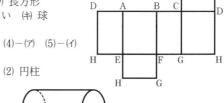

p.140 **17.** 答 (1)　　　　　(2)　　　　　(3)

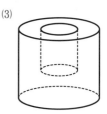

18. 答

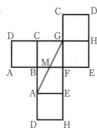

解説 記入されていない頂点をすべてかき入れ，線分 AM，MG をかく。

注 3点 A，M，G は一直線上にあり，M は線分 AG の中点である。

p.141 **19.** 答 (1) 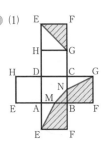 (2)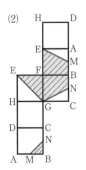

解説 記入されていない頂点をすべてかき入れ、三角形、四角形をかく。

20. 答 (1) 点 M, K
(2) 辺 CN, DE, EF, LG
(3) 面 LGJK, CDEN
解説 見取図は右の図のようになる。

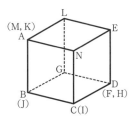

21. 答

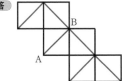

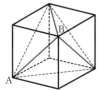

解説 見取図は右の図のようになる。

22. 答 (1) (エ) (2) (ウ)

p.142 **23.** 答 (1) 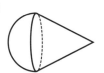 (2)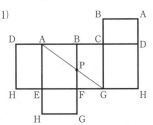

p.143 **24.** 答 (1) (2)

解説 (1) 辺 BF と線分 AG との交点が P である。
(2) 辺 BF, CG と線分 AH との交点がそれぞれ P, Q である。

25. (答)

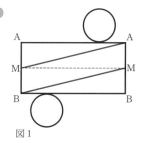 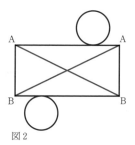

図1   図2

(解説) 図1は，点AからBへ2回巻くから，線分ABの中点をMとし，AとM，MとBを結ぶ。

図2は，点AからBへ1回巻き，さらにBからAへ1回巻くから，AとBを結ぶ線分が2本ある。

26. (答)

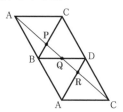

(解説) 辺BC，BD，ADと線分ACとの交点がそれぞれP，Q，Rである。

(注) 展開図をかくときは，経路が途切れないようにくふうする。

p.144 **27.** (答) 立面図

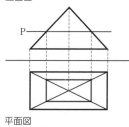

平面図

(解説) 切り口は長方形となる。

p.145 **28.** (答)

(1)   (2)   (3)

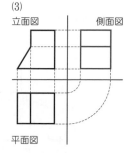

(4) 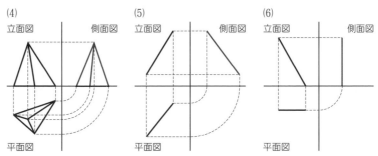 (5) (6)

(解説) (1)は円すい, (2), (4)は三角すい, (5), (6)は線分である。
また, (3)の見取図は右の図のようになる。

(注) (6)の立面図の線分の長さは, 実際の線分の長さに等しい。

p.147 **29.** (答) (1) 長方形 (2) 二等辺三角形 (3) 台形（等脚台形）
(4) 五角形 (5) 正六角形

(解説) (1) 3点 A, E, P を通る平面と, 辺 GH との交点を K
とする。
平面 ABCD∥平面 EFGH, 平面 AEFB∥平面 DHGC であるから,
AP∥EK, AE∥PK 　また, AE⊥平面 ABCD であるから, ∠PAE＝90°
同様に, ∠AEK＝90°, ∠EKP＝90°, ∠KPA＝90°
ゆえに, 切り口は長方形 AEKP となる。
(2) △ABQ と △AEQ は合同であるから, BQ＝EQ
ゆえに, 切り口は二等辺三角形 QEB となる。
(3) 3点 P, Q, E を通る平面と, 辺 HD の延長との交点を X とする。
P, Q はそれぞれ辺 CD, AD の中点であるから, 直線 XP と平面 EFGH との交
点は G となる。
平面 ABCD∥平面 EFGH であるから, PQ∥GE
面 AEHD, DHGC は正方形であるから, QE＝PG
ゆえに, 切り口は台形（等脚台形）PQEG となる。

(1) 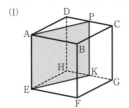 (2) 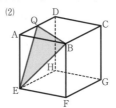 (3)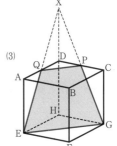

(4) 3点 P, Q, F を通る平面と, 辺 BA の延長,
辺 BC の延長との交点をそれぞれ L, M とす
る。直線 LF と辺 AE, 直線 MF と辺 CG との
交点をそれぞれ N, O とする。
切り口は五角形 PQNFO となる。
(5) (4)と同様に, 3点 P, Q, R を通る平面と,
辺 AE, CG との交点をそれぞれ S, T とする。

(4)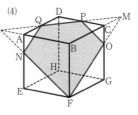

また，この平面と辺 BF の延長との交点を U
とし，直線 UT と辺 FG との交点を V とする。
P，Q，S，R，V，T は各辺の中点であるから，
PQ=QS=SR=RV=VT=TP
また，△UVR は正三角形であるから，
∠SRV=∠RVT=120°
同様に，∠TPQ=∠PQS=∠QSR=∠SRV
=∠RVT=∠VTP=120°
ゆえに，切り口は正六角形 PQSRVT となる。

注 (3) PG=QE である台形 PQEG を，等脚台形という。

(5)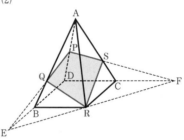

30. **答** (1) 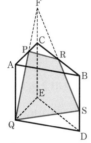 (2)

解説 上の図のように頂点に記号をつける。
(1) 3 点 P，Q，R を通る平面と，辺 EC の延長との交点を F とし，直線 FR と辺
BD との交点を S とすると，切り口は四角形 PQSR となる。
(2) 3 点 P，Q，R を通る平面と，辺 DB の延長との交点を E とし，直線 ER と辺
DC の延長との交点を F とする。直線 PF と辺 AC との交点を S とすると，切り
口は四角形 PQRS となる。

31. **答** 右の図
解説 展開図に辺 BE の垂直二等分線を作図し，
辺 BE，CF との交点をそれぞれ P，Q とする。
左側の点 A と P，右側の点 A と Q を結ぶ。
AP=AQ となるように，線分 PQ の上側に切
り口の △APQ を作図する。

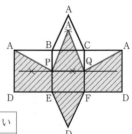

p.148 **32.** **答**

		直方体	四角すい	六角柱	八角すい
	(1)	六面体	五面体	八面体	九面体
(2)	頂点	8	5	12	9
	辺	12	8	18	16
	面	6	5	8	9
	(3)	2	2	2	2

解説 (3)（直方体）8−12+6=2 （四角すい）5−8+5=2
（六角柱）12−18+8=2 （八角すい）9−16+9=2

33. **答** 正八面体

解説 多面体は右の図のようになる。

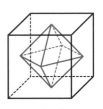

p.149 **34.** **答** (ア) 五　(イ) 六　(ウ) 四　(エ) 15　(オ) 正四面体
(カ) 正六面体　(キ) 正八面体　(ク) 正十二面体
(ケ) 正二十面体　(コ) 正三角形　(サ) 正方形　(シ) 正三角形
(ス) 正五角形　(セ) 正三角形

解説 (エ) 五角柱の辺の数を求める。

35. **答** (1) 正四面体　(2) 辺 DE

解説 見取図は右の図のようになる。

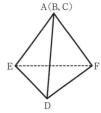

36. **答**

		正八面体	正二十面体
(1)		4	5
(2)	辺	12	30
	頂点	6	12

解説 (2) 正八面体の辺の数は，$(8×3)÷2$　　頂点の数は，$(8×3)÷4$
正二十面体の辺の数は，$(20×3)÷2$　　頂点の数は，$(20×3)÷5$

注 正多面体の面の形と面，辺，頂点の数は，下の表のようになる。

	正四面体	正六面体	正八面体	正十二面体	正二十面体
面の形	正三角形	正方形	正三角形	正五角形	正三角形
面の数	4	6	8	12	20
辺の数	6	12	12	30	30
頂点の数	4	8	6	20	12

p.150 **37.** **答** (1) 右の図　(2) 点 F　(3) 辺 GH
(4) 辺 GI　(5) 面 DEJ

解説 (2)～(5)は，(1)の見取図を参考にして求めるとよい。

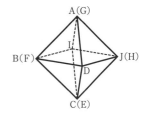

38. **答** 頂点 A，E には 3 つの面が集まり，頂点 B，C，D には 4 つの面が集まっている。どの面も合同な正三角形であるが，頂点に集まる面の数が異なるから正六面体とはいえない。

39. **答** (1) 頂点の数 6，辺の数 10，面の数 6
(2) 頂点の数 4 増える，辺の数 5 増える，面の数 1 増える
頂点 V をふくむほうの立体を取り除いた残りの立体は，
$(6+4)-(10+5)+(6+1)=2$
増加する頂点，辺，面の数を考えると，
$4-5+1=0$ となり，
(頂点の数)－(辺の数)＋(面の数) の値は変わらないから，もとの正五角すいの値と等しい。

解説 残りの立体は，右の図のようになる。

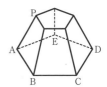

40. （答）(1) 正六角形 20，正五角形 12

(2) 辺の数 90，頂点の数 60

(3) 正五角形と正六角形の2種類の面がある。頂点に集まる面の数は等しいが，すべての面が合同な正多角形ではないから正多面体とはいえない。

（解説）(1) 正六角形の面の数は，正二十面体の面の数に等しい。

正五角形の面の数は，正二十面体の頂点の数に等しいから，（20×3）÷5

(2) 20個の正六角形の辺の総数は，20×6＝120

12個の正五角形の辺の総数は，12×5＝60

各面の辺が2本ずつ重なっているから，辺の数は，（120＋60）÷2

また，20個の正六角形の頂点の総数は，20×6＝120

12個の正五角形の頂点の総数は，12×5＝60

各頂点には面が3つずつ集まっているから，頂点の数は，（120＋60）÷3

p.152 **41.** （答）(1) 表面積 168cm²，体積 144cm³

(2) 表面積 28πcm²，体積 20πcm³

(3) 表面積 16πcm²，体積 $\dfrac{32}{3}\pi$cm³

42. （答）表面積 24πcm²，体積 12πcm³

（解説）表面積は，π×3²＋π×3×5

43. （答）半径 6cm，表面積 126πcm²

（解説）底面の半径を$r$cmとすると，$2\pi\times15\times\dfrac{144}{360}=2\pi r$　　$r=6$

表面積は，π×6²＋π×6×15

44. （答）表面積 84cm²，体積 44cm³

（解説）見取図は右の図のようになる。

表面積は，$\left\{\dfrac{1}{2}\times(4+7)\times4\right\}\times2+(4+4+5+7)\times2$

体積は，$\left\{\dfrac{1}{2}\times(4+7)\times4\right\}\times2$

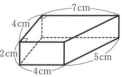

p.153 **45.** （答）(1) 下の図，体積 39πcm³　(2) 下の図，体積 96πcm³

(3) 下の図，体積 $\dfrac{140}{3}\pi$cm³

(1)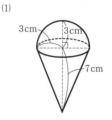

(2)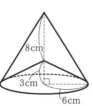

(3)

（解説）(1) $\left(\dfrac{4}{3}\pi\times3^3\right)\times\dfrac{1}{2}+\dfrac{1}{3}\pi\times3^2\times7$　　(2) $\dfrac{1}{3}\pi\times6^2\times11-\dfrac{1}{3}\pi\times6^2\times3$

(3) $\dfrac{1}{3}\pi\times4^2\times10-\dfrac{1}{3}\pi\times2^2\times5$

46. **答** （円柱の体積）:（半球の体積）:（円すいの体積）＝3:2:1

解説 等しい長さを r cm とすると，
（円柱の体積）:（半球の体積）:（円すいの体積）
$$=(\pi r^2 \times r):\left(\frac{4}{3}\pi r^3 \times \frac{1}{2}\right):\left(\frac{1}{3}\pi r^2 \times r\right)$$

p.154 **47.** **答** (1) 10 cm (2) 240 cm³ (3) 1000π cm³

解説 (1) 側面積は，$288-\left(\frac{1}{2}\times 6\times 8\right)\times 2=240$

ゆえに，$(6+8+10)\times AD=240$

(2) $\left(\frac{1}{2}\times 6\times 8\right)\times 10$

(3) 底面の半径が 10 cm，高さが 10 cm の円柱となる。　ゆえに，$\pi \times 10^2 \times 10$

48. **答** (1) $\frac{12}{5}$ cm (2) 24 cm²

解説 (1) 図2の水の高さを h cm とすると，$6\times 5\times 4=10\times 5\times h$
(2) 求める部分を底面と考えると，容器を傾けても水の体積と高さ FG は変わらないから，求める面積は図1の面 AEFB の水に接している部分の面積に等しい。
参考 (2) 求める面積を S cm² とする。水の体積は，求める部分を底面，FG を高さとする四角柱となるから，$6\times 5\times 4=S\times 5$ と求めてもよい。

49. **答** $\frac{31}{4}$ cm

解説 残った水の体積は，$\pi \times 4^2 \times 10-\frac{4}{3}\pi \times 3^3=124\pi$ であるから，高さは，

$124\pi \div (\pi \times 4^2)$

50. **答** $\frac{43}{3}$ cm³

解説 7個の立方体と12個の三角柱と8個の三角すいでできた立体の体積を求める。　$1^3\times 7+\left\{\left(\frac{1}{2}\times 1^2\right)\times 1\right\}\times 12+\left\{\frac{1}{3}\times\left(\frac{1}{2}\times 1^2\right)\times 1\right\}\times 8$

p.155 **51.** **答** (1) $(1000-250\pi)$ cm³ (2) 400 cm²

解説 (1) $\left\{10^2-(\pi \times 10^2)\times \frac{1}{4}\right\}\times 10$

(2) 底面積は，$10^2-(\pi \times 10^2)\times \frac{1}{4}=100-25\pi$

側面積は，$10^2\times 2+\left\{(2\pi \times 10)\times \frac{1}{4}\right\}\times 10=200+50\pi$

ゆえに，表面積は，$(100-25\pi)\times 2+200+50\pi$

52. **答** 4π cm³

解説 右の図で，四角形 OACB（ひし形 OACB）は，
対角線 OC，AB についてそれぞれ線対称であるから，

$OM=\frac{1}{2}OC=1$

ゆえに，求める立体の体積は，

$\frac{1}{3}\pi \times OA^2\times OP-\frac{1}{3}\pi \times OM^2\times OP=\frac{1}{3}\pi \times 2^2\times 4-\frac{1}{3}\pi \times 1^2\times 4$

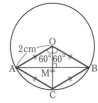

p.156 **53.** 答 (1) $\dfrac{20}{3}$ cm³ (2) 4 cm³

解説 (1) 立方体の体積から三角すい A–BFC の体積をひく。

$2^3 - \dfrac{1}{3} \times \left(\dfrac{1}{2} \times 2^2 \right) \times 2 = \dfrac{20}{3}$

(2) 右の図のように, 点 S, T, U, V, W, X をおくと, AV＝AS＝1, FW＝FT＝1, CX＝CU＝1
(三角すい V–BWX の体積)
－(三角すい V－ASP の体積)×3

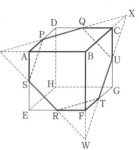

$= \dfrac{1}{3} \times \left(\dfrac{1}{2} \times 3^2 \right) \times 3 - \left\{ \dfrac{1}{3} \times \left(\dfrac{1}{2} \times 1^2 \right) \times 1 \right\} \times 3 = 4$

別解 (2) 頂点 B をふくむほうの立体と頂点 H を
ふくむほうの立体は同じ形である。
よって, 求める立体の体積は, もとの立方体の体積の半分である。

ゆえに, $2^3 \times \dfrac{1}{2} = 4$

54. 答 80 cm³

解説 右の図のように, 点 R を通り底面に平行な平面
と, 辺 AD, BE との交点をそれぞれ S, T とする。
三角柱 STR–DEF の体積から四角すい R–SPQT の体
積をひく。

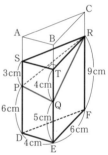

$\left(\dfrac{1}{2} \times 4 \times 6 \right) \times 9 - \dfrac{1}{3} \times \left\{ \dfrac{1}{2} \times (3+4) \times 4 \right\} \times 6 = 80$

別解 四角すい R–PDEQ と三角すい R–DEF の体積
の和を求める。

$\dfrac{1}{3} \times \left\{ \dfrac{1}{2} \times (5+6) \times 4 \right\} \times 6 + \dfrac{1}{3} \times \left(\dfrac{1}{2} \times 4 \times 6 \right) \times 9 = 80$

参考 四角すい R–PDEQ と四角すい F–PDEQ の体積は等しい。
(四角すい R–PDEQ の体積)＝(四角すい F–PDEQ の体積)

$= \dfrac{1}{3} \times \left\{ \dfrac{1}{2} \times (PD+QE) \times DE \right\} \times EF$

$= \dfrac{1}{3} \times \left(\dfrac{1}{2} \times DE \times EF \right) \times PD + \dfrac{1}{3} \times \left(\dfrac{1}{2} \times DE \times EF \right) \times QE$

$= \dfrac{1}{3} \times \triangle DEF \times PD + \dfrac{1}{3} \times \triangle DEF \times QE$

＝(三角すい P–DEF の体積)＋(三角すい Q–DEF の体積)
ゆえに, 求める立体の体積は,

$\triangle DEF \times \dfrac{PD+QE+RF}{3} = \left(\dfrac{1}{2} \times 4 \times 6 \right) \times \dfrac{6+5+9}{3} = 80$

と求めることもできる。

6章の問題

p.157 **1** **答** (イ), (エ)

解説 (ア), (ウ), (オ), (カ)の反例は下の図のような場合である。

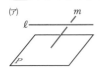

2 **答** 84°

解説 つくった容器の底面の円周は，それぞれ $\overset{\frown}{\text{AC}}$, $\overset{\frown}{\text{CB}}$ に等しく，その差は 2π cm となる。$\overset{\frown}{\text{AB}}=16\pi$ であるから，大きいほうのおうぎ形の弧の長さは 9πcm，小さいほうのおうぎ形の弧の長さは 7πcm となる。

ゆえに，小さいほうのおうぎ形の中心角の大きさは，$360° \times \dfrac{7\pi}{30\pi}$

3 **答** (1)

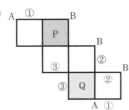

(2)

(解説にある見取図)

解説 見取図はそれぞれ右の図のようになる。

4 **答** (1)

(2) $\dfrac{125}{24}$ cm³

解説 (1) F は辺 CD の中点である。

(2) 底面が直角二等辺三角形で，高さが 5cm の三角すいとなる。

$$\frac{1}{3} \times \left\{ \frac{1}{2} \times \left(\frac{5}{2} \right)^2 \right\} \times 5$$

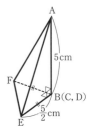

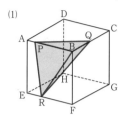

p.158 **5** **答** (1) 15cm³ (2) 12.5cm³

解説 (1) BP＝5cm, BQ＝3cm のときである。
三角すい B-PQR の点 R からの高さは辺 BF の長さに
等しい。
ゆえに, 求める立体の体積は,

$$\frac{1}{3}\times\triangle BQP\times BF=\frac{1}{3}\times\left(\frac{1}{2}\times5\times3\right)\times6$$

(2) 3.5秒後に点 P は辺 AB 上, 点 Q は辺 CD 上, 点
R は辺 FB 上にあって, BP＝2.5cm, BR＝5cm の
ときである。
△BQP の点 Q からの高さは辺 BC の長さに等しい。
ゆえに, 求める立体の体積は,

$$\frac{1}{3}\times\triangle BQP\times BR=\frac{1}{3}\times\left(\frac{1}{2}\times2.5\times6\right)\times5$$

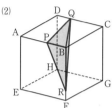

6 **答** (1) 下の図, 体積 45πcm³ (2) 下の図, 体積 81πcm³

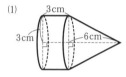 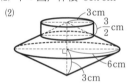

解説 (1) 円柱と円すいの体積の和である。
(2) 円柱と, 上下２つの円すいの体積の和から, 小さい円すいの体積をひく。

$$\pi\times3^2\times\frac{3}{2}+\left(\frac{1}{3}\pi\times6^2\times3\right)\times2-\frac{1}{3}\pi\times3^2\times\frac{3}{2}$$

7 **答** (1) 96πcm³ (2) $\dfrac{32}{9}$cm

解説 (1) $\pi\times4^2\times5+\dfrac{1}{3}\pi\times4^2\times3$

(2) 台形 ABCD の面積は, △BOC と台形 AOCD の面積の和である。
球 O の半径を $x$cm とすると,

$$\frac{1}{2}\times5\times x+\left\{\frac{1}{2}\times(x+5)\times4\right\}=\frac{1}{2}\times(5+8)\times4$$

$$\frac{5}{2}x+2x+10=26\ \text{より},\ \frac{9}{2}x=16$$

p.159 **8** **答** (1) 9回転　(2) $972\pi\,\text{cm}^2$

解説 立体は図1のようになる。

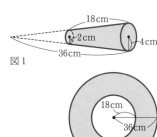

図1

この立体の側面が通ったあとは，図2のようになる。

図1の半径4cmの円が何回転かして，図2の外側の円周を1周してもとの位置にもどる。

(1) 回転数は，$\dfrac{2\pi\times36}{2\pi\times4}$

(2) 側面が通ったあとの面積は，$\pi\times36^2-\pi\times18^2$

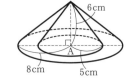

図2

9 **答** $78\pi\,\text{cm}^3$

解説 底面の半径が8cmで高さが6cmの円すいの体積から，底面の半径が5cmで高さが6cmの円すいの体積をひく。

$$\frac{1}{3}\pi\times8^2\times6-\frac{1}{3}\pi\times5^2\times6$$

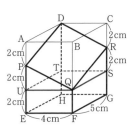

10 **答** $80\,\text{cm}^3$

解説 右の図のように，3点D，P，Qを通る平面と辺CGとの交点をRとし，点Qを通り底面に平行な平面と，線分RG，DH，PEとの交点をそれぞれS，T，Uとする。

AP＝SR＝2cm より，CR＝2cm である。

平面UQSTより上にある部分の体積は，直方体ABCD–UQSTの体積の半分であるから，求める立体の体積は，$(4\times5\times4)\times\dfrac{1}{2}+4\times5\times2=80$

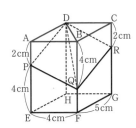

別解 直方体ABCD–EFGHの体積から四角すいD–APQBと四角すいD–BQRCの体積をひく。

ゆえに，求める立体の体積は，

$$4\times5\times6-\frac{1}{3}\times\left\{\frac{1}{2}\times(2+4)\times4\right\}\times5$$

$$-\frac{1}{3}\times\left\{\frac{1}{2}\times(2+4)\times5\right\}\times4=80$$

参考 （四角形 EFGH）$\times\dfrac{\text{PE}+\text{QF}+\text{RG}+\text{DH}}{4}$

$=(4\times5)\times\dfrac{4+2+4+6}{4}=80$ と求めることもできる。

(11) **答** (1) $\dfrac{1}{3}$ cm³ (2) $\dfrac{1}{6}$ cm³

解説 (1) 立方体 ABCD–EFGH の体積から，三角すい C–FGH の体積の 4 倍を
ひく。

ゆえに，求める立体の体積は，$1^3-\left\{\dfrac{1}{3}\times\left(\dfrac{1}{2}\times1^2\right)\times1\right\}\times4=\dfrac{1}{3}$

(2) 頂点 A，C，F，H を結んでできる立体と，頂点
B，D，E，G を結んでできる立体は，ともに正四
面体となる。

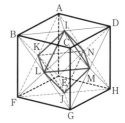

線分 AC，FH，AF，CF，CH，AH の中点をそれ
ぞれ I，J，K，L，M，N とする。正四面体 ACFH
の辺 AC と正四面体 BDEG の辺 BD は，それぞれ
正方形 ABCD の対角線であるから，その交点は I
である。同様に考えると，点 I，J，K，L，M，N
で交わるので，それらの 6 つの点を頂点とする立体，
すなわち，正八面体 IJKLMN が 2 つの正四面体の共通する部分である。
よって，正四角すい I–KLMN の体積を 2 倍すればよい。

ゆえに，求める立体の体積は，$\left\{\dfrac{1}{3}\times\left(\dfrac{1}{2}\times1^2\right)\times\dfrac{1}{2}\right\}\times2=\dfrac{1}{6}$

7章　データの整理

p.161 **1.** **答** (1) 15℃　(2) 14 日　(3) 80％

p.163 **2.** **答** (1), (2)

階級（点）		度数（人）	累積度数（人）
以上	未満		
40 ～	50	3	3
50 ～	60	6	9
60 ～	70	7	16
70 ～	80	12	28
80 ～	90	8	36
90 ～	100	4	40
計		40	

(1) （人）
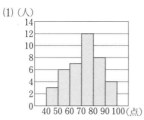 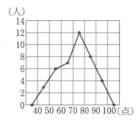

(2) （人）
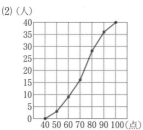

3. **答** (1) 3 人　(2) 11 人　(3) 75％
4. **答** (1)−(イ)，(2)−(エ)，(3)−(ウ)，
(4)−(ア)

p.165 **5.** **答** 右の表

階級（cm）		度数（人）	相対度数
以上	未満		
110 ～	130	2	0.08
130 ～	150	6	0.24
150 ～	170	9	0.36
170 ～	190	5	0.20
190 ～	210	2	0.08
210 ～	230	1	0.04
計		25	1.00

p.166 **6.** (答) (1)

階級(分)	度数(人)	相対度数	累積相対度数
以上　　未満 4 ～ 7	4	0.10	0.10
7 ～ 10	6	0.15	0.25
10 ～ 13	8	0.20	0.45
13 ～ 16	10	0.25	0.70
16 ～ 19	8	0.20	0.90
19 ～ 22	2	0.05	0.95
22 ～ 25	2	0.05	1.00
計	40	1.00	

(2) 相対度数

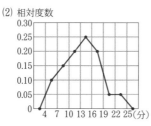

累積相対度数

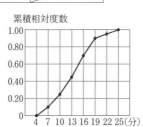

7. (答) (1) 40％　(2) 13 人

(解説) (1) $0.05+0.15+0.20$

(2) $20\times(0.20+0.25+0.20)$

p.167 **8.** (答) 平均値 2 点，中央値 2 点，
最頻値 3 点，範囲 5 点

9. (答) 平均値 3.6 冊，中央値 3.5 冊，
最頻値 3 冊，範囲 5 冊

(解説) 右の度数分布表より，平均値は，
$$\frac{1\times1+2\times3+3\times6+4\times5+5\times3+6\times2}{20}$$

読んだ冊数を少ないほうから並べると，10 番目
の冊数は 3 冊，11 番目の冊数が 4 冊であるから，

中央値は，$\frac{3+4}{2}$

範囲は，$6-1$

読んだ本(冊)	度数(人)
1	1
2	3
3	6
4	5
5	3
6	2
計	20

p.168 **10.** (答) 平均値 3100 円，中央値 3250 円，
最頻値 3500 円，範囲 3500 円

p.169 **11**. **答** 平均値 13.45 分,
最頻値 14.5 分,
範囲 21 分
解説 右の度数分布表より,
$x \times f$ の合計は 538.0 であるか
ら,平均値は,$\dfrac{538.0}{40}$
範囲は,25－4

階級（分）	階級値 x	度数 f	$x \times f$
以上　未満 4 ～ 7	5.5	4	22.0
7 ～ 10	8.5	6	51.0
10 ～ 13	11.5	8	92.0
13 ～ 16	14.5	10	145.0
16 ～ 19	17.5	8	140.0
19 ～ 22	20.5	2	41.0
22 ～ 25	23.5	2	47.0
計		40	538.0

7章の問題

p.170 **1** **答** (1) 45 分　(2) 20 ％　(3) 55 分　(4) 49.8 分

解説 (2) 60 分以上かかる従業員は 6＋3＋1＝10（人）であるから,$\dfrac{10}{50} \times 100$

(4) $\dfrac{25 \times 4 + 35 \times 8 + 45 \times 13 + 55 \times 15 + 65 \times 6 + 75 \times 3 + 85 \times 1}{50}$

2 **答** (1) $x = 0.32$　(2) 60 個　(3) S サイズ,L サイズ

解説 (2) 5000÷83

(3) S サイズのみかんは,4500×0.23＝1035（個）収穫される。

5kg の箱に 60 個はいっているから,1035÷60＝17.25

よって,S サイズは 17 箱できる。

同様に,M サイズは 25 箱,L サイズは 36 箱できる。

3 **答** (1) 50 点　(2) 64 点　(3) 55 ％　(4)(i) 2 人　(ii) 27 人

解説 (2) $\dfrac{20 \times 3 + 30 \times 2 + 50 \times 13 + 70 \times 9 + 80 \times 7 + 100 \times 6}{40}$

(3) 70 点以上は 9＋7＋6＝22（人）より,$\dfrac{22}{40} \times 100$

(4)(i) 70 点以上の生徒 22 人は,必ず第 3 問を正解して
いる。ゆえに,第 3 問だけ正解した生徒は,24－22

(ii) 50 点の生徒で第 3 問が正解でないのは,
13－2＝11（人）

70 点の生徒は第 3 問と第 1 問を,80 点の生徒は
第 3 問と第 2 問をそれぞれ正解している。

ゆえに,2 題だけ正解した生徒は,11＋9＋7

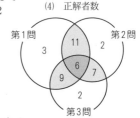
(4) 正解者数

p.171 **4** **答** (1)－(ウ),(2)－(オ),(3)－(イ),(4)－(ア),(5)－(エ)

5 **答** (イ),(エ)

解説 (ア) 最頻値は A 組が 17.5 分,B 組が 18.5 分である。

(ウ) A 組の中央値は 17 分以上 18 分未満,最頻値は 17.5 分,B 組の中央値は 17
分以上 18 分未満,最頻値は 18.5 分である。

(オ) 度数が等しいときは,総度数の多いほうが相対度数が小さくなる。